經營顧問叢書 ㉖③

微利時代制勝法寶

林佑誠　黃憲仁/編著

憲業企管顧問有限公司　　發行

《微利時代制勝法寶》

序　言

　　進入 21 世紀，所有企業都感到生存的壓力，企業的利潤率越來越低。

　　在微利時代，節儉已經成為決定企業生存和發展的關鍵競爭力，企業只有不斷降低成本才能贏得更大的競爭優勢，節儉可以增強企業的市場競爭力，而這一競爭力的獲得又得益於企業的節儉意識和節儉精神。

　　在市場競爭以及職業競爭日益激烈的今天，節儉已經不僅僅是一種美德，更是成功的資本，企業的競爭力。節儉的企業，會在市場競爭中脫穎而出；節儉的員工，永遠是企業的「金員工」。

　　節儉不是「老」、「舊」、「土」、「粗」的東西，而是財富和利潤的發動機。19 世紀石油鉅子成千上萬，到頭來只剩下洛克菲勒一家，究其原因，人們發現洛克菲勒家族之所以長盛不衰，

主要是因為精打細算。

　　在 2003 年度《財富》全球 500 強中，以營業收入計算，豐田公司排在第 8 位，2003 年豐田公司的利潤總額遠遠超過美國三大汽車公司的利潤總和，也比排在行業第二位的日產汽車的44.59 億美元高出一倍多。豐田公司的驚人利潤從何而來？結果顯示，豐田公司的利潤，很大一部份是由公司節儉下來的。

　　豐田公司的厲行節儉是全球有名的。例如：豐田公司的員工很在意組裝流水線上的零件與操作工人之間的距離。如果這個距離不合適，取件就需要來回走動，這種走動就是一種時間的浪費，要堅決避免。另外，豐田還有一個特別的地方：整個流水線上有一根繩子連動著，任何一個員工一旦發現「流」過來的零件存在瑕疵就會拉動繩子，讓整個流水線停下來，並將這個零件替換或修復，絕不讓它進入下一個工序。

　　在豐田公司，流傳著這樣一個故事。一名設計師在設計汽車門把手時發現，原來的汽車門把手零件過多，這樣就增加了採購成本。於是他利用休息時間對門把手進行了重新設計，建議公司把門把手的零件從 34 個減少到了 5 個，這樣一來，採購成本節儉了 40%，安裝時間也節儉了 75%。當然，員工的利益也因為豐田公司利潤的增長而不斷增加，兩者之間是成正比的。節儉給豐田的員工帶來了切實的好處，他們自覺自願地為公司省錢，實現了公司與員工的雙贏。

　　在全球零售業叱吒風雲的沃爾瑪公司，創始人薩姆·沃爾頓，也是出了名的節儉。他不但自己住竹屋、開舊車，而且規定所有沃爾瑪的員工——包括高級總裁，都必須恪守節儉的經

營規則。沃爾瑪從不在豪華商業區設立分店，廣告上的投入也少得可憐，用於辦公場所的費用更比同等規模的企業少 3/4。正是因為沃爾瑪執著于節儉的經營理念，這家零售業航母才得以在全球市場上所向披靡，榮登世界最強企業。只有節儉，企業才能生存；只有節儉，員工才能有所發展。

在微利時代，在是否節儉的問題上，企業和員工面臨的只有一種必然的選擇。**對企業而言，節儉是生存之本和贏利之源，是決定企業興衰成敗的關鍵，是所有偉大企業得以基業長青的秘方。對員工個人而言，節儉不僅是生活無憂的保障，更是職業素養的最高體現，能夠有效增強個人競爭力，幫助一個人在激烈的職場競爭中脫穎而出。**

華人首富李嘉誠有一句至理名言：「企業的首要問題是贏利，贏利的關鍵是節儉，節儉是企業和員工的雙贏選擇。」

在 2004 年《福布斯》全球富豪排行榜上，沃倫‧巴菲特以 429 億美元的身價，獲得了亞軍。然而在生活方面，巴菲特表現得實在不像是一個身價數百億的超級富豪。巴菲特自己開車；衣服總是穿破為止；最喜歡的運動不是高爾夫，而是橋牌；最喜歡吃的食品不是魚籽醬，而是玉米花；最喜歡喝的不是 XO 之類的名酒，而是百事可樂。他的節儉有時會令他週圍的人瞠目結舌。

可見，節儉不僅僅是企業的事情，而是企業與員工的共同選擇。一個如此看重節儉的企業，在微利時代，每一名員工都應該以節儉為榮，杜絕一切浪費，並將節儉轉化為自覺行動，這樣企業與員工才能得到共同發展。積少成多，如果每一名員

工能夠在工作中這裏節省一點，那裏節省一點，加起來就會是一個驚人的數字。只要工作中身體力行，把節儉精神貫徹到每一件小事上，人人節儉，時時節儉，處處節儉，我們的企業就能夠度過寒冬，迎來經濟復蘇、快速發展的春天！

本書是介紹節儉對企業、對員工的重要性，提出了節儉時代的企業戰略、員工行動準則，幫助企業克服奢侈浪費的錯誤行為，從小處著手，改善員工自己的工作，為企業節省每一分錢，提高企業的競爭力。

2011 年 5 月

《微利時代制勝法寶》

目 錄

1

節儉已成為企業的核心競爭力

　　企業的核心競爭力是企業獲得持續競爭優勢的來源和基礎，企業如果想在經濟全球化的大潮中立於不敗之地，最有效也是最關鍵的一點就是提升企業的核心競爭力，只有全面提升自己的核心競爭力，才有可能在日趨激烈的市場競爭中獲得利潤。在這樣一個到處都充滿競爭的時代，節儉已經成為企業的核心競爭力，因此要提高核心競爭力，首先要在企業中發揚一種節儉的精神，讓節儉來增強企業的競爭力，使企業有所作為。

　　對企業來說，節儉可以有效地降低成本，增強產品的市場競爭力，提高企業的贏利空間，增強應對市場變化的能力。

　　宜家正是通過節儉得以在競爭中立於不敗之地。宜家是當今世界上最大的家居用品公司，是 20 世紀中少數幾個令人炫目的商業奇蹟之一，但宜家曾遭遇過非常艱難的一年。

　　2002 年歐元強勢走向經濟滑坡，給宜家的經營造成了很大的影響。此外，由於新店對於老店的衝擊所造成的「同類相殘」，影響比預期的要大。截至 2003 年 8 月份，宜家全年的銷售增長率幾乎為零，但宜家並沒有因此而被擊倒，節儉使宜家取得了在競爭中的優勢。

　　宜家的經營理念是以低價銷售高品質的產品，這就決定了宜家在追求產品美觀實用的基礎上要保持低價格。實際上，宜家的節儉從產品設計的時候就開始了。也就是說，設計師在設計產品之前，宜家就已經為該產品設定了比較低的銷售價格及成本，然後在這個成本之內，盡一切可能做到精美、實用。

　　為了在設定的低價格內完成高難度的精美設計、選材，並估計出廠家生產成本，宜家專門成立了一個研發團隊，這個團隊一起密切合作，確保在確定的成本範圍內做出各種性能變數的最優化。他們在一起討論產品設計、所用的材料，並選擇合適的供應商。

　　宜家的研發體制非常獨特，能夠把低成本與高效率結為一體。宜家的設計理念是「同樣價格的產品，比誰的設計成本更低」，因而設計師在設計時競爭焦點常常集中在是否少用一個螺絲釘或能否更經濟地利用一根鐵棍上，這樣不僅能有效降低成本，而且往往會產生傑出的創意。

　　宜家在屬行節儉、降低成本方面，可謂是全方位的，考慮得非常週全。每一處能夠節儉的地方，宜家都不放過。

　　在宜家看來，設計是一個關鍵環節，它直接影響著產品的選材、技術、儲運等環節，對價格的影響很大。所以宜家的設計團隊必須充分考慮產品從生產到銷售的各個環節。

　　為了能夠節省每一分錢，將成本降到最低，宜家不斷採用新材料、新技術來提高產品性能並降低價格。並且宜家還與OEM廠商通力合作，而且這種合作從產品開發設計便開始了。

　　在產品開發設計過程中，設計團隊與供應商進行密切的合作。在廠家的協助下，宜家有可能找到更便宜的替代材料、更

容易降低成本的形狀、尺寸等。所有的產品設計確定之後，設計研發機構將和宜家在全球 33 個國家設立的 40 家貿易代表處，共同確定那些供應商可以在成本最低而又保證質量的情況下，生產這些產品。

除此之外，宜家還不斷在全球範圍內調整其生產佈局——宜家在全球擁有近 2000 家供應商，將各種產品由世界各地運抵宜家全球的各中央倉庫，然後從中央倉庫運往各個商場進行銷售。由於各地不同產品的銷量不斷變化，宜家也就不斷調整其生產訂單在全球的分佈。

為了節省時間，宜家把全球近 20 家配送中心和一些中央倉庫大多集中在海陸空的交通要道。這些商品被運送到全球各地的中央倉庫和分銷中心，通過科學的計算，決定那些產品在本地製造銷售，那些出口到海外的商店。每家「宜家商店」根據自己的需要向宜家的貿易公司購買這些產品。通過與這些貿易公司的交易，宜家可以順利地把所有商店的利潤吸收到國外低稅收甚至是免稅收的國家和地區。

用節儉來控制成本始終是宜家引以為豪的生意經。正是宜家方方面面的節儉，增強了宜家的核心競爭力，也幫助宜家渡過了難關。

其實，降低成本不僅僅是生產製造部門的事情，在每一項價值活動中都會有成本控制的問題。要在各項價值活動中建立起成本控制的規劃來，然後對各種活動進行自我比較，看看那一項活動在改進成本方面取得的成效最為顯著。同時，還要和我們的競爭對手做比較，看看我們和競爭對手之間的差距在那裏。這樣，才有利於我們更加清醒地認識到自己在成本改進方

面尚待提高的地方，然後積極努力地去提高它。

　　當節儉成爲企業的核心競爭力，它就像我們每個人身體裏的 DNA 一樣，伴隨我們每一天的工作生活，讓我們在工作過程中，不斷地、自覺地去挖掘可以改進的地方，尋找一切可能的機會，這樣就能夠把成本領先的精髓貫徹到每一項有價值的活動中去。

心得欄 _____

_____

_____

_____

_____

_____

2

成本分析要追根究底，分析到最後一點

在工作中，我們對成本要有追根究底的精神。這樣，既能為企業控制成本，贏得利潤，也為自己贏得成功的機會。

成本控制，精細引路。只有細分每一個成本環節，並關注於每一個細節，降低成本才能產生實實在在的效果，給企業帶來競爭力。如果企業不潛入成本控制工作最深的地方，抓住細節，不把成本管理的精細化做到底，依據成本優勢贏得最後的勝利就是癡人說夢。

降低成本，是一件眾人皆知的企業經營道理，也是台塑集團董事長王永慶發財之寶與看家本領。

王永慶做生意堅信一個最簡單的信念：「價廉物美」。從這個信念出發，王永慶孜孜不倦地追求效率，千方百計地降低成本，終於積少成多，溪流成河，從一個小米行變為一個塑膠王國。

王永慶曾說：「經營管理，成本分析，要追根究底，分析到最後一點。我們台塑就靠這一點吃飯。」王永慶看到了問題，不到水落石出，決不甘休。他認為，馬馬虎虎，只會讓問題擴大，這樣如何與人競爭？除了要求巨細無遺，王永慶還要求「比

較」，不然根本不算分析。有一次，他們開會討論南亞做的一個塑膠椅子。報告的人把接合管多少錢，椅墊多少錢，尼龍布和貼紙多少錢，工資多少錢，都算得很清楚，合計 550 元。每個項目的花費在成本分析上統統列出來了。

但王永慶追問：「椅墊用的 PVC 泡棉 1 公斤 56 元，品質和其他的比較起來怎麼樣？價格如何？有沒有競爭的條件？"

報告人答不出來。

王永慶再問：「這 PVC 泡棉是用什麼做的？」

「用廢料，1 公斤 40 元。」

「那麼大量做的話，廢料來源有沒有問題呢？」

報告人又是不知道。

「南亞賣給人裁剪組合，在裁剪後收回來的塑膠廢料 1 公斤多少錢呢……」

「20 元。」

「那麼成本 1 公斤只能算 20 元，不能算 40 元。使塑膠發泡的發泡機用什麼樣的？什麼技術？原料多少？工資多少？消耗能不能控制？能不能使工資合理化？生產效率能不能再提高？」

結果報告人也不知道，他根本沒有分析。這麼一大堆工作沒有做，在王永慶看來，是絕對不行的。

王永慶一再強調，要謀求成本的有效降低，無論如何必須分析在影響成本各種因素中最本質的東西，也就是說要做到單元成本的分析，只有這樣徹底地將有關問題一一列舉出來檢討改善，才能建立一個確實的標準成本。

台塑集團像其他許多單位一樣，在辦公事務中都使用公文

夾，這是一件很平常的事。王永慶卻發現台塑企業生產的公文夾的成本是一本 1.2 元，而台塑美國公司所用的公文夾，每個不到五毛錢，怎麼會差這麼多？台塑集團一年使用大量的公文夾，這樣一年多支出多少？一年、五年、十年，要支出多少？這還了得，他陷入了沉思。

不久，他下令南亞公司研發中心，就這一問題進行研究，務必將公文夾成本降到與美國同樣的水準，甚至更低。

為此，研發中心用了近兩年，終於將公文夾的成本降至一個五毛錢的水準，趕上了美國，為整個集團每年減少了許多支出。

王永慶就是這樣從一點一滴做起，力爭最大努力地節儉成本，不多花一分錢，達到降低成本的理想目標，實現企業的合理化經營。

成本管理涉及企業的方方面面，企業提高效率從根本上說就是降低成本，台塑集團通過追根究底的成本分析有效地降低了成本，提高了企業的競爭力。「追根究底」是王永慶經營企業成功的秘訣，能給我們帶來有益的啓迪。

一個企業要格外重視「成本分析」，企業只有通過精細而準確的成本分析，才能精細準確地辨識出到底是什麼客戶、什麼產品與服務貢獻了大部份的利潤，才能弄清楚那些環節還可以有效地降低成本，然後從細節處著手，找出問題並設法解決問題。

很多時候，企業的成本就是靠「追根究底」分析出來的，正如洛克菲勒的那個 39 滴焊接劑的故事一樣。

年輕的洛克菲勒進入一家石油公司上班，他所做的工作就

是巡視並確認石油罐蓋有沒有自動焊接好。石油罐在輸送帶上移動至旋轉台上，焊接劑便自動滴下，沿著蓋子回轉一週。這樣的焊接技術耗費的焊接劑很多，公司一直想改進，但又覺得太困難，幾次試驗都宣告失敗。而洛克菲勒並不認為真的找不到改進的辦法，他每天觀察罐子的旋轉，並思考改進的辦法。

　　經過觀察，他發現每次焊接劑滴落 39 滴，焊接工作便結束了。他突然想到：如果能將焊接劑減少一兩滴，是不是能節省點兒成本？

　　於是，他經過一番努力，研製出 37 滴型焊接機。但是，利用這種機器焊接出來的石油罐偶爾會漏油，並不理想。但他並不灰心，又繼續尋找新的辦法，後來，終於研製出 38 滴型焊接機。這次改進非常完美，公司對他的評價很高。不久便生產出這種機器，改用新的焊接方式。

　　也許你會說：節省一滴焊接劑有什麼了不起？但「一滴」卻給公司帶來了每年 5 億美元的新利潤。這位青年就是後來掌握全美制油業 95%實權的石油大王——洛克菲勒。

　　工作中，我們也要像王永慶、洛克菲勒一樣，對成本要有追根究底的精神。由「單位」成本分析到「單元」成本，以便掌握每一「單元」成本的合理化，並對有疑問的地方，抱著打破沙鍋問到底的精神，一點一滴追求合理化，這樣，既能為企業控制成本，贏得利潤，也為自己贏得成功的機會。

3

節儉才能成為永遠的贏家

在微利時代，每個企業都自覺或不自覺地把節儉作為自己的追求。因為，只有節儉才能成為永遠的贏家。

沃爾瑪作為全球最大的零售企業，銷售額年年都突飛猛進。發展到今天，它已經擁有了 2000 多家沃爾瑪商店、將近 500 家山姆會員商店和 200 多家沃爾瑪購物廣場，遍佈在世界的許多國家和地區。在美國《財富》雜誌每年一次的全球 500 強排名中，沃爾瑪已經連續好幾年榮登榜首了。自 1950 年成立以來，短短 50 多年時間，沃爾瑪就發展到了如此之大的規模，這完全可以稱得上是世界零售行業的一個奇蹟。然而，已經輝煌的沃爾瑪仍然在以不可估量的速度飛速前進著。

沃爾瑪是以它的「全球最低價」而聞名世界的，這是沃爾瑪的核心競爭力所在。「幫顧客節省每一分錢」是沃爾瑪提供服務的宗旨，也正是因為它的承諾，沃爾瑪才會受到消費者的青睞。在沃爾瑪的商店裏，大到家用電器、珠寶首飾、汽車配件，小到布匹服飾、藥品、玩具以及各種日常生活用品等，一應俱全。這裏商品的價格肯定是最便宜的，而商品並沒有因為價格便宜在質量方面大打折扣。沃爾瑪之所以能夠做到最低價，其

中一個重要原因，就是成功制定並正確實施了成本領先戰略，拼命地降低自己的成本，節省了一切不必要的開支。

　　沃爾瑪對成本費用的節儉理念貫徹得最為到位。在沃爾瑪，從來沒有專業用的複印紙，都是廢報告紙的背面，所有複印紙必須雙面使用，否則將受到處罰；除非重要文件，沃爾瑪從來沒有專業的單打印紙；沃爾瑪的工作記錄本，都是用廢報告紙裁成的。

　　沃爾瑪的很多分店為員工準備了免費純淨水，但不準備紙杯；有的店在員工餐廳配有電話——當然是投幣電話；在多數的連鎖店，專供員工使用的洗手間根本沒有卷紙，更不會有香皂，很多情況下，員工們用來洗手的都是部門不能銷售的洗手液、沐浴露，甚至洗衣粉。

　　在沃爾瑪的連鎖店裏，家電區一個小角落裏經常會有一個寫有「總經辦」3個小字的辦公室。這是一個寬只有3～4米、長10米左右形狀的不規則房間。最裏面用文件櫃隔出一個大約幾平方米的區域，擺上一張桌子和一排文件櫃，就是總經理辦公的地方，對面是常務副總的桌子。文件櫃另一邊就是其他人工作的地方。左右兩邊各有一排長長的桌子，2個秘書，2個行政部工作人員，還有4位副總經理全都擠在這片狹長的空間內。

　　樓面很忙，總經理和副總在辦公室出現的時間很少超過半小時，基本僅限於開會、處理顧客投訴或者與員工談話等幾種情況。所以，唯一能夠證明這是他們辦公地點的就只有他們的抽屜和文件夾。總經辦的會議一般都是站著開的——因為椅子不夠用；即便夠，由於空間有限，也只有讓位於人。

　　一個超萬平方米大超市的所有主管就擠在這樣的辦公室

辦公！辦公室裝修是非常簡陋的，沒有吊頂，辦公室只用隔板隔開，這麼做的唯一目的，就是為了節儉！

沃爾瑪公司的名稱也充分體現了沃爾頓的節儉習性。美國人習慣上用創業者的姓氏為公司命名。沃爾瑪本應叫「沃爾頓瑪特」(WaltonMart，Mart 的意思是「商場」)，但沃爾頓在為公司定名時把製作霓虹燈、廣告牌和電氣照明的成本等全都計算了一遍，他認為省掉「ton」三個字母可以節儉一筆錢，於是只保留了「WALMART」七個字母——它不僅是公司的名稱，也是創業者節儉品德的象徵。沃爾瑪總店的管理者們對老沃爾頓的本意心領神會，他們沒有把 WALMART 譯成「沃爾瑪特」，而是譯成了「沃爾瑪」。一字之省，足見精神。如果全世界4000多家沃爾瑪連鎖店全都節省一個字，那麼整個沃爾瑪公司在店名、廣告、霓虹燈方面就會節儉一筆不小的費用。

沃爾瑪對於行政費用的控制可謂達到極致，在行業平均水準為 5%的情況下，沃爾瑪整個公司的管理費用僅佔公司銷售額的 2%。也就是說，沃爾瑪一直用 2%的銷售額來支付公司所有的採購費用、一般管理成本、上至董事長下至普通員工的工資。為維持低成本的日常管理，沃爾瑪在各個細小的環節上都實施節儉措施。另外，沃爾瑪的高層管理人員也一貫保持節儉作風，即使是總裁也不例外。首任總裁薩姆與公司的經理們出差，經常幾人同住一間房，平時開一輛二手車，坐飛機也只坐經濟艙。可以說，沃爾瑪一直想方設法從各個方面將費用支出與經營收入比率保持在行業最低水準，這就使得沃爾瑪在日常管理方面獲得競爭對手所無法抗衡的低成本管理優勢。

節儉在沃爾瑪已經上行下效，蔚然成風。曾是美國最富有

的沃爾頓當年寫道：「答案很簡單：因為我們珍視每 1 美元的價值。我們的存在是為顧客提供價值，這意味著除了提供優質服務之外，我們還必須為他們省錢。如果沃爾瑪公司愚蠢地浪費掉 1 美元，那都是出自我們顧客的錢包。每當我們為顧客節儉了 1 美元時，那就使我們自己在競爭中領先了一步——這就是我們永遠要做的。」

　　現在，這句話已經成為沃爾瑪的一條「鐵律」。節儉之道使得沃爾瑪在創造財富的同時，也在不斷地積累財富；在不斷降低成本的同時，又能夠更多地讓利顧客，做到天天平價，從而為自己贏得了競爭優勢。

　　沃爾瑪之所以成為市場競爭中的大贏家，我們不難看出那是因為在公司上上下下，不管是領導者還是普通員工的所有人員的共同努力節儉下而實現的。

　　所以，員工的節儉意識在公司的發展中，有著至關重要的作用，只有我們意識到這一點並且努力去做，我們才會使自己的發展平台成為永遠立於不敗之地的大贏家。

4

節儉可降低成本，對抗經濟不景氣

在當今微利時代，企業之間的競爭就是節儉的競爭。在現代競爭規則裏，不是企業和競爭對手賽跑，而是企業和你的成本賽跑，和你的利潤賽跑。能將成本最低降至何種程度，決定了企業最終能走多遠。

企業生存和發展的核心競爭力從那裏來？為社會提供產品和服務來獲取利潤，是企業生存發展追求的目標。一個企業發展到了一定階段，競爭往往就是企業成本的競爭，誰的成本低，誰獲取的利潤就大，就會更具有市場競爭力。

對企業來說，節儉可以有效地降低成本，增強產品的市場競爭力，提高企業的贏利空間，增強應對市場變化的能力。

20 世紀 90 年代以來，美國航空業處於一片慘澹經營的愁雲中，成立於 1968 年的美國西南航空公司卻連年贏利。1992 年美國航空業虧損 30 億美元，西南航空公司卻贏利 9100 萬美元。2001 年美國航空業總虧損為 110 億美元，2002 年上半年美國航空公司虧損 50 億美元，2001 年和 2002 年上半年世界最大航空公司美洲航空公司分別虧損 18 億美元和 10 億美元，2002 年美國聯合航空公司申請破產保護。在市場一片蕭條的情況

下，美國西南航空公司的所有飛機卻正常運營，全部員工正常工作，財務上持續贏利，現金週轉狀況良好，被人們喻為「愁雲慘淡中的奇葩」。

美國西南航空公司為何能取得如此驕人的業績？西南航空公司能夠異軍突起，成為航空界的明星，秘訣在於公司長期奉行獨出心裁的成本管理理念和策略。在美國國內航空市場上，西南航空公司的成本比那些以「大」著稱的航空公司低很多。以 1991 年第一季為例，西南航空公司每座位千米的運營成本比美國西方航空公司低 15%，比三角洲航空公司低 29%，比聯合航空公司低 32%，比美國航空公司低 39%。這些數據很能說明西南航空公司的競爭優勢。

許多實力雄厚的競爭對手不是不想在成本上和西南航空公司爭個高低，將票價降到和西南航空公司相近或持平的程度。但他們一旦把票價降到西南航空公司的水準上，巨額損失就會壓得他們喘不過氣來。

為什麼這麼多實力雄厚的大航空公司都不能把成本降下來，而西南航空卻可以憑藉低廉的票價獨步江湖呢？它究竟是怎樣將成本降下來的呢？西南航空公司的低成本有多方面的原因。

美國西南航空公司面對的顧客群體主要是小公司的商務人員和個人旅行者，他們乘坐飛機時的一個重要要求就是低票價，低票價的前提是公司的成本水準要低，成本要控制得好。因此，西南航空公司根據顧客追求的核心利益對運營活動進行了適當調整，在顧客認可和接受的條件下，削減了一些服務項目，在各環節控制成本，與顧客一起努力實現「低成本、低票

價」的雙贏目標。

美國西南航空公司成本管理十分突出的特點之一就是「活動導向」，成本的控制是在飛機定型、飛機採購、售票、票務辦理、登機、飛行過程等具體環節中實現的。

為了節省資金，西南航空公司擁有的 400 多架飛機，全部都是最省油的波音 737，這種狀況對降低成本十分有益。還有一點，公司的所有飛機機型都一樣，這樣可以實施較大批量的採購，增強了採購過程中討價還價的能力，較高的採購折扣率降低了飛機的採購價格，控制了飛機的原始成本，減少了企業經營過程中的折舊費用。

全部採用同一種機型，還能夠降低公司駕駛員和維修人員的培養、培訓成本，又提高了駕駛和維修的品質。統一採用波音 737，極大地降低了航空公司零件的儲存成本，一家航空公司為單一機型飛機儲備經營過程中所需更換部件的成本比為多種機型儲備更換部件的成本要低得多。

統一機型為公司的標準化管理提供了基礎，既降低了公司的管理和運營成本，又提高了管理和服務的品質，有利於公司控制自己的經營品質，塑造自己的品牌形象。波音 737 比較適合短途運輸，在安全有保障的條件下，能夠保證公司擁有較高的上座率，這樣間接地降低了公司的運營成本。對航空公司而言，低上座率的飛行會導致最高的成本。

為了降低成本，西南航空公司大力減少中間環節，節儉開支。他們通過流程變革，減少公司對代理商支付的費用，杜絕將中間環節的費用轉嫁給消費者,「將折扣和優惠直接讓給終端消費者」。他們採用通過電話或網路訂票，以信用卡方式支付，

不通過旅行社售票，儘量消除代理機構，減少和取消代理商售票，避免代理環節的費用開支；不提供送票上門服務。這樣既降低了公司的成本，又給顧客帶來了利益。訂票過程的優化設計極大地降低了西南航空公司的經營成本。

為了最大限度地節省成本，西南航空公司甚至連機票的費用都給省下來了。該公司根據乘客到達機場時間的先後，在乘客到達機場服務台報出自己的姓名後，給乘客打出不同顏色的卡片，顧客根據顏色不同依次登機，然後在飛機上自選座位。這種設計既降低了機票製作成本，又提高了乘客登機的效率，使該公司辦理登機的時間比其他航空公司快 2/3，節儉了票務辦理和登機的時間，減少了飛機在機場的滯留時間，有效地控制了公司租用機場的費用，為西南航空公司節省下了一筆不小的開支。

飛行過程的良好設計控制降低了公司的整體成本。公司提倡「為顧客提供基本服務」的經營理念，飛機上不設頭等艙。這樣的變化可以在飛機上增設經濟艙位 15 個(頭等艙的座位為 3 排×3 個＝9 個，改為經濟艙的座位為 4 排×6 個＝24 個)，這充分利用了飛機空間，間接地降低了公司的經營成本。

不僅如此，由於取消了餐飲服務，機艙內比較乾淨，飛機著陸後的清潔時間減少了 15 分鐘，這樣減少了飛機在停機坪的停留時間，增加了飛行時間。由於西南航空公司在登機、清潔和行李轉機服務方面效率提高、時間節省，在同航線上其他航空公司的飛機每天飛行 6 趟的情形下，該公司的飛機可以飛行 8 趟，極大地提高了飛機運行效率，從整體上降低了公司單位收入承擔的運營成本。此外，由於飛機上取消餐飲服務，只為

顧客提供花生米和飲料，騰出了飛機上為此項服務佔用的空間，為此飛機上又可以增加 6 個座位，這樣也間接地降低了公司的運營成本。

在美國西南航空公司的宣傳畫冊上打著這樣醒目的文字：「我們有全美國最出色的駕駛員。」的確是這樣，西南航空公司為他們的駕駛員感到十分自豪。他們用自己的智慧，為公司節省了大量的成本。

西南航空公司一年內在汽油上的花銷大概是 3.5 億美元，管理者想盡辦法，都無法使這個成本降低。但是西南航空公司的駕駛員們卻在不影響服務品質的前提下，使這一成本縮減了 10%。因為西南航空公司的每一位駕駛員都知道在機場內如何走近路，他們十分清楚走那一條滑行跑道最節省時間，正因為每一個飛行員在飛行時都能有意識地主動節省時間，而節省一分鐘，就意味著節省 8 美元，這樣算下來，這個數字是相當驚人的。

美國西南航空公司堅持「低成本、低價格、高頻率、多班次」的經營理念，以「為顧客提供基本服務」為出發點，在經營過程中遵循「絕不多花一分錢、絕不多浪費一分鐘」的原則，奉行「斤斤計較」的成本管理理念，在企業內部全面實施成本領先的競爭戰略取得了顯著的競爭優勢。

美國航空業每英里的航運成本平均為 15 美分，而西南航空公司的航運成本不到 10 美分；從洛杉磯到三藩市其他航空公司的票價為 186 美元，西南航空公司的票價僅為 59 美元。西南航空公司所有航班的平均票價僅為 58 美元！低成本經營為西南航空公司持續贏利創造了條件。

　　低廉的成本，就能夠獲得高於競爭對手的平均收益，即使競爭對手降價到利潤爲零，自己仍可獲利。同時，成本低可以更好地滿足消費者的需求。

　　美國西南航空公司的成功就很好地說明了這個問題，西南航空公司的服務足以讓美國人相信：「出門旅行不必開車，坐飛機更快、更省錢。每乘坐一次西南航空公司的飛機，乘客的包裹都省下了一筆錢。」

　　西南航空公司之所以能夠在虧損嚴重的航空業中一枝獨秀，不僅是因爲他們大張旗鼓地實施了低成本戰略，更重要的是他們能夠把市場吃透，只提供對顧客來說基本的、必需的產品和服務。

　　一個企業競爭力的強弱看的不是企業員工的多少，不是企業設備的先進與否，也不是看企業的生產規模是否足夠龐大⋯⋯雖然這些都是影響企業競爭力的重要因素，但卻不是判斷標準。真正能直接判斷企業競爭力強弱的是企業的利潤率，利潤率越大，企業發展越快，競爭力也就越大，反之亦然。

　　在微利時代，在是否節儉的問題上，企業和員工面臨的只有一種必然的選擇。節儉可以增強企業的核心競爭力，而這一競爭力的獲得又得益於員工的節儉意識和節儉精神。

　　當節儉成爲企業的核心競爭力，它就像我們每個人身體裏的 DNA 一樣，伴隨我們每一天的工作生活，讓我們在工作過程中，不斷地、自覺地去挖掘可以改進的地方，尋找一切可能的機會，這樣就能夠把成本領先的精髓貫徹到每一項有價值的活動中去。

5

面對寒冬，企業需要節能型「棉被」

　　節儉意識是推動企業發展乃至一國經濟前進的重要動力。在經濟不景氣的情況下，建設節能型企業能夠幫助企業降低成本，從而在價格上取得優勢，進而獲得生存空間，擁有更多的資金用於改進生產技術、提升管理水準，再次降本升值。對國民經濟來說如此，對個體經濟來說也是這樣。無論是在經濟蕭條的非常時期，還是處在創業初期的過渡時期，企業都需要一種節儉意識，朝著建立節能型企業的目標進發。

　　成功的企業無不是一個成功的節儉型企業。作為世界上最大 PVC 粉生產廠的台塑集團，就是一個節儉型企業的典範。

　　台塑集團的員工食堂採用的是自助餐形式，要求吃得好又不浪費。為此，王永慶專門請幾位營養家，花了兩年時間，為台塑集團編制了一份詳盡的「全年度統一菜單」。這份菜單對於營養搭配、成本控制與採購方式等都予以週全設計，然後分發到各單位食堂，使其從採購、驗收到每一道菜的製作方法都有章可循，既節省了成本，又保證能讓員工吃得高興。

　　台塑在籌設生產高密度聚乙烯和聚丙烯工廠時，王永慶仍堅持自己奉行的一貫政策。除制程和儀器設備向國外訂購外，

自己的人員負責基本設計和工廠建造，以便節省大量的設計費與工程費等。結果是，聚乙烯廠總計花費 12 億台幣，聚丙烯廠總計花費 16 億台幣。在建廠成本上，假如美國人來做需要 140 元，日本人要 100 元，而王永慶的台塑公司只用 67 元就夠了。

王永慶是做小本生意起家的，儉樸是他多年養成的習慣。他在企業管理中，也特別強調節儉，反對鋪張浪費。他說：「多爭取一塊錢生意，也許要受外在環境的限制，但節儉一塊錢，可以靠自己的努力，而節儉一塊錢，就等於淨賺一塊錢。」他的理念是：「追根究底，點點滴滴求其合理化」，目的是消滅任何一點不合理成本。

可以說，台塑集團能夠成為世界上最大的 PVC 粉生產廠，與王永慶本人的節儉意識密不可分，值得今天處於經濟寒冬中的每家企業借鑑。

當今世界變得越來越小，經濟全球化的進程越來越快，市場競爭越來越激烈。競爭對手紛至遝來，擁擠在一個狹窄的市場空間裏，分食一塊乳酪，以至於市場上利潤越來越薄，產品的利潤無一例外都在下降，有人說現在已經進入「微利時代」。無論是傳統產業，還是高科技產業，生意都越來越難做，這是所有企業的共同感受。

身處微利時代，除了賺錢的思路、觀念需要及時進行調整、轉變、更新外，更重要的是用節儉的方法來降低成本，增加利潤。當今社會，節儉才是贏利的關鍵。

多節儉一分錢，較之多生產一分錢要容易得多，只要每一位管理者與每一位員工稍加注意，便能把省下來的這部份利潤收入公司的腰包。

節儉是贏利的關鍵，節儉使成本降低，就能夠獲得高於競爭對手的平均收益，即使競爭對手把利潤降低爲零，自己仍可獲利。

心得欄

世界級企業也要節儉成本

沃爾瑪榮登世界 500 強之首後，許多專家都想去解開其中的謎團。一位專家對沃爾瑪做了一次深入的調查，發現了沃爾瑪做大做強的一個重要秘訣：摳得出奇。

一個偌大的企業，從部門經理到營運總監，隨身攜帶的筆記本都由廢報告紙裁成；所有員工不能在上班時間發私人郵件；每月手提電話費必須打出清單；採購部工作人員一旦被發現與客戶吃飯，要立即走人。

許多世界知名企業員工出差都要求住四五星級賓館，打的要高級汽車，而沃爾瑪卻沒有。山姆·沃爾頓外出時，經常和別人住同一個房間；2001 年，沃爾瑪召開年會，世界各地的經理級人物住的都是招待所。

很多企業都想從成本中尋求效益，但是怎樣控制和降低成本？從何處著手？就是每個企業家都必須認真做好的一篇大文章了。沃爾瑪的事例說明，節省成本最重要、也是最根本的一條，是從身邊的點點滴滴做起，將利潤一點一滴地累計起來。

從生產和製造的角度來講，企業的成本主要包括材料費、人工費和經費這三大部份。材料費是指構成產品的材料和零件

的採購費用，人工費是指產品製造時用在產品製造過程中相關人員身上的費用，而經費則是指電能、燃氣、煤、油等能源費以及外協委託加工費、租賃費、保險費、折舊費等。可見，成本的內容可謂種類繁多，要想真正地節省成本，必須從每一項內容做起，從身邊的點點滴滴做起。

精打細算、節儉辦事，成本多由小事組成，企業只有從小事入手降低成本，才能積小利為大利，為企業卸下沉重的包袱，實現利潤的飛速增長。

心得欄

7

小處做精細，為利潤

成本控制是一項精細、嚴密的工程，大的支出需要控制，小的開支也要做到清清楚楚。這樣才能堵住所有可能出現的漏洞，全方位實現對成本的控制。小處做精細，大處不糊塗，才能全方位地節省成本，為利潤的增長提供全面的保證。

無論是大處還是小處，都需要用到一種著名的管理思想——零基思維。

20世紀50年代，美國德州電器公司提出了零基預算的概念，並將其用在了企業管理上。它要求管理者不管以前在某個項目或總體上撥了多少款，一律以零為基數，重新論證企業和各部門的預算申請。零基預算在企業界迅速產生了廣泛影響。

後來，美國組合國際電腦公司的 CEO 王嘉廉先生據此提出了更有顛覆性的思想——零基思維。這個思想悍然打破了經營常理，引起了更加廣泛的爭論。

零基思維認為：以前做的和現在做的不一定合理，先決定公司做什麼，才能開始分配資源。只有合理的才能存在。

用在成本管理上，零基思維的精髓就在於：保持公司的高效率，謹慎使用每一分資源。所有的錢，都應該用在最有效果

的地方。削減所有華而不實的開支,只有合理、最有效果的開支,才應該保留。

能夠節省成本的才是最合理的,對節省成本無益的,統統都要砍掉。領導者在成本控制的過程中,要重新審視所有的項目,只有合理、最有效果的開支,才應該保留。每一分錢,都應該花在最有效果的地方。

國內一家著名公司的總經理辦公室,可能給任何人都能留下深刻的印象。該辦公室小得只能擺下一把總經理的椅子和一張桌子,如果來了客人就需要加一把椅子,而且椅子只能放在門口。聽起來不可思議,但是仔細想來完全合理:總經理的房間再大,擺設得再好,對利潤又有什麼用呢?既然對利潤沒用,又有什麼必要在上面花錢呢?

這就是把錢用在最有效果的地方。每提出一項開支的申請或預案,領導者都要問一句:「這筆錢花出去有什麼效果?由誰花?怎麼確保效果?達不到效果追究誰的責任?」也就是說要做到精細管理,無論多細小的地方,每一項都要控制。

在李嘉誠先生的和記黃埔,公司對成本和財務的控制能力甚至達到了每一分錢都清清楚楚的地步。公司老總不僅隨時可以知道公司花出了多少錢、花在什麼地方、誰在花,還能知道更詳細的地方。公司的財務人員早已把所有產生支出的項目整理好,比如房租成本、人工成本、折舊成本、辦公成本、採購成本等。如果老總想瞭解某人一年以來用了多少紙,或者是一年以來每個星期的打的費用,幾分鐘內財務就能把資料送來。如果有一些不合常規的瞞報、虛報,很快就能在財務上體現出來。

不僅如此，公司各部門每年都要作預算，細到電話費是多少、辦公費是多少、交通費是多少，什麼時候使用，都要交待清楚。上報以後，財務審計人員會把歷年的成本支出逐項調出來進行對比，看這些是否合理。任何注水的預算都過不了這一關。同時，那些項目的支出要確保，那些要取消，也是一目了然。

公司對所有產生支出的項目做到了逐條控制，也就成竹在胸，如果以後想削減成本，很容易就能做到。

其實想做到這一步並不難，逐項控制的原理誰都懂，但是做不到的卻很多，這裏面主要就是一個建立體系和執行力的問題。所以，領導者要想做到對成本的逐項控制，第一要有建立這個體系的決心，第二要請專業、負責任的財務人員來執行。

不少企業實行的都是總經理一支筆管錢管物，甚至有不少老總在下屬把請款單或報銷單拿來時，也不細看，瞟上一眼就簽字。這樣一來，這支筆的作用就非同小可了，它細心時，成本會被關在門內；但是只要它稍一疏忽，成本就會偷偷溜走。

不可否認，總經理管住錢是非常必要的，尤其在很多民營企業。但是，單憑總經理一人之力，很多情況下並不能把成本控制住，必須同時借助於財務審計人員和基層管理人員的層層協助，才能更好地把握這關。

在企業減少成本時，還有一個問題容易出現，細節的、支出金額少的地方摳得很緊，但是在重大支出上，往往不好把關。這時候，就更需要借助群策群力。所以，在數額較大的支出上，領導者一定要嚴格審批、層層把關，確保萬無一失。

李嘉誠的和記黃埔就有規定：1 萬元以上的支出一定要經

過嚴格審批,而且越是重大的支出經過的程序就越多,必須有充分的理由和把握,才可能通過嚴格的程序。錢一旦批下來,就有明確的責任人來使用,如果用途不當或沒有達到應有的收益,責任人就要承擔後果。

在大成本上把住關,企業才能賺取大利潤。大多數企業都不具備和記黃埔這樣的規模,也沒有這樣複雜的管理,但是這種處理問題的方式很值得管理者借鑑。

對每一項細小的地方都逐項控制,對每一項大額支出都嚴格審批,企業就可以管好、管住每一筆支出,最大限度地節省成本。把錢用在最有效果的地方,利潤就會增加。

心得欄 --

8

奉行「斤斤計較」的成本理念

....

　　任何一個企業一旦贏得了總成本領先的地位，就可以獲得更強的競爭力，更大的利潤空間，以及那些對價格敏感的顧客的忠誠。在微利競爭時代，遵循「絕不多花一分錢，絕不多浪費一分鐘，絕不多僱用一名員工」的原則，奉行「斤斤計較」的成本管理理念已經成了企業獲得競爭優勢的殺手鐧。

　　石油大王洛克菲勒在創業初期，不像現在這樣財大氣粗，他對成本的有效控制幫助他完成了原始資本的積累。

　　在經營當中，洛克菲勒曾經說過一句很有意義的話：「緊緊地看好你的錢包，不要讓你的金錢隨意出去，不要怕別人說你吝嗇。當你的錢每花出去一分，都要有兩分錢的利潤，才可以花出去。」

　　洛克菲勒曾在一家公司做記賬員，幾次在送交商行的單據上查出了錯漏之處，為公司節省了數筆可觀的支出，因此深得老闆賞識。後來，洛克菲勒在自己的公司中，更是注重成本的節儉，提煉加工原油的成本也要計算到第 3 位小數。為此，他每天早上一上班，就要求公司各部門將一份有關淨值的報表送上來。經過多年的商業訓練，洛克菲勒已經能夠準確地查閱報

上來的成本開支、銷售以及損益等各項數字，以此來考核部門的工作。

曾經有一次，他質問一個煉油的經理：「為什麼你們提煉 1 加侖原油要花 1 分 8 厘 2 毫，而東部的一個煉油廠幹同樣的工作只要 9 厘 1 毫？」洛克菲勒甚至連一個價值極微的油桶塞子他也不放過，他曾給煉油廠寫過這樣一封信：「上個月你廠彙報手頭有 1119 個塞子，本月初送去你廠 10000 個，一月你廠使用 9527 個，而現在報告剩餘 912 個，那麼其他的 680 個塞子那裏去了？」洞察如微，刨根究底，不容你打半點馬虎眼，正如後人對他的評價：洛克菲勒是統計分析、成本會計和單位計價的一名先驅，是今天大企業的「一塊拱頂石」。

正是由於洛克菲勒奉行了「斤斤計較」的成本管理理念，才使他的公司在競爭激烈的石油業蓬勃發展，逐漸壯大起來，最終擁有了壟斷美國石油業的巨大資本。

企業管理的一個根本任務，就是不斷降低成本。成本是市場競爭成敗和能否取得經濟效益的關鍵，是企業提高競爭能力的核心所在。因此必須推行「斤斤計較」的成本管理理念。單純地靠提高價格來消化成本，在微利時代是不可行的，風險也比較大。努力地降低成本才是最佳選擇。

一個生產小禮品的廠家，單個產品的平均利潤空間為 3 元，所以成本控制就顯得尤為重要。於是，該廠運用精細生產管理逐項分析，逐項改善成本控制。在具體實踐中，他們將各項成本，特別是可控成本，分門別類細化到最末端，然後在總量控制的基礎上，將各成本項目考核指標層層分解，落實到人或物，對責任人或單位進行考核。比如，將電話費細化到每一

部電話，辦公費細化到每一位職工，制定出各部門、各處室、各項費用甚至每位職工的支出限額。

在這些措施的基礎上，結合各部門的特點，該廠推出了 3 套成本考核方案：在工廠廠房考核每小時消耗指標和全年生產費用支出指標；對行政辦公部門費用開支實行剛性約束，「限額支報、超支不補」；對市場部門的費用開支則採取「以收定支」的方法，進行彈性預算管理，費用額度隨實現的銷售收入浮動，既實施了控制，又保護了生產積極性。這些措施使生產過程中的物耗和費用得到有效控制，促使各部門自覺建立「購、存、領、耗」全過程的成本管理制度，杜絕了人為浪費和營私現象，並在全體員工中牢固樹立了成本觀念。目前該廠從一支筆、一張紙，到幾十萬元的生產項目；從主要生產部門到後勤管理部門，各項成本費用都處於有效控制中。

可以說這個廠家正在奉行「斤斤計較」的成本管理理念，所以才能保證該廠在狹小的利潤空間裏得以生存。

降低成本無止境。管理者必須充分認識到，降低成本的潛力是無窮無盡的，內容是豐富多彩的，方式是多種多樣的，它貫穿於生產經營活動的始終。這就需要我們各級樹立強烈的降低成本意識，並努力在工作中去實踐。

企業只有嚴格控制並不斷降低生產經營成本，員工只有將這種降低成本的意識落實到實踐中去，才能在競爭中取勝，在變化不定的市場上贏利和生存。

9

從源頭上杜絕浪費

「成由節儉敗由奢」。這句成語告訴我們節儉往往與成功聯繫在一起，奢侈往往同淪落衰敗結伴同行。的確，在市場競爭如此激烈的年代，它更是企業應該謹記的一句成語。

德國的人均國民生產總值居世界前列，但德國人的節儉意識很強，罕見一擲千金的「豪氣」。節儉的意識已深入人心，不但找便宜貨的人滿街都是，商店也到處以不同的降價折扣活動吸引顧客。波恩市政府甚至在萊茵河邊樹立了一個「一分錢」雕塑，提醒所有市民要節省每一分錢用於建設。

到底德國人節儉到什麼程度，也許從德國人的飲食習慣上就可以看出來了。德國人習慣於在街上買一根香腸、一個小麵包當做午飯充饑。麵包渣兒那是絕對不能扔掉的，還有指頭上粘著的許多油水兒也是不能糟蹋的，德國人對此發明了用舌頭舔麵包紙袋和舔指頭的好方法。

在德國家庭，目前最流行的要數「四少原則」——少進餐館、少買衣服、少打電話、少往外跑。為了節儉，德國人還常常親自動手做一些日常用品，讓他們節省了很多開支。德國有句名言叫「用自己的手打自己的天下」，德國家庭除了房屋設計

和蓋房是請人幫忙外，餘下的事情都是他們自己幹的，如房屋裝修、廚房和衛生間的設計和安裝等。家中的汽車、機動遊艇、家用電器以及上下水管道等也由他們自己修理。德國人對能源資源很珍惜，他們居家過日子注意節儉水、電，用完洗衣機便擰緊水龍頭，一是省得機器銹蝕受損，二是免得漏水。

德國人節儉的意識深深地印在他們的靈魂深處。他們不僅在日常生活中非常「摳門」，更是把這種「摳門」的精神在企業的經營管理中發揮得淋漓盡致。

在德國，阿爾迪公司備受人們尊敬，是沃爾瑪在德國唯一感到有些頭疼的競爭對手。根據《福布斯》雜誌的估計，阿爾迪公司共同創造者卡爾·布萊希特兄弟的財產價值高達 230 億美元。阿爾迪不懈地提高效率，在節儉經營成本方面不斷改進。

阿爾迪的低價格是建立在節儉的基礎之上的，節儉是阿爾迪公司的傳統。畢馬威會計公司在科隆的零售業分析家弗蘭克·彼得森說：「阿爾迪公司是在推行沃爾瑪採用過的戰略。」和沃爾瑪一樣，阿爾迪公司非常重視控制成本。

阿爾迪在同業中長期保持競爭優勢的重要原因是處處精打細算，從而保證較低的營業成本。在德國所有的連鎖店中，阿爾迪的贏利能力是最強的。據統計，德國一般商業企業的銷售利潤率為 0.5%～1.5%，但阿爾迪的銷售利潤率卻接近 3%，這是因為阿爾迪把成本壓到了最低。

阿爾迪設有專門負責公司訂貨的採購公司，在全世界範圍內尋找綜合成本最便宜的商品。一旦找到合適的合作夥伴，阿爾迪往往長期訂貨。由於阿爾迪穩定及巨大的採購量，供應商可以有計劃地安排生產，更新設備，生產商基本不需要銷售部

門，同時也不用做廣告，節省了昂貴的廣告費用，生產商的成本可以壓到最低，從而使供貨價格更優惠。

阿爾迪每家店鋪的營業面積都不大，為了彌補店鋪小的不足，節省營業空間和理貨時間，阿爾迪除了少量日用品、冷藏食品設有貨架、貨櫃外，其他商品均按原包裝的貨物託盤在店內就地銷售。

在阿爾迪，收銀台甚至不使用已經很普及的條碼掃描器，只用普通的收銀機。每家連鎖店只設兩三個收銀台，聘用的營業人員一般僅為 3～4 人，人均服務面積超過 1000 平方米，商品也不貼價簽，店員不僅對數百種商品價格倒背如流，而且鍵盤輸入速度可以和掃描器媲美。所有員工包括店長在內，每人都身兼數職，沒有固定崗位。

阿爾迪經營的商品只有 700～800 種，然而每種商品都是人們日常的必用品，如它的 405 號麵粉、River 牌可樂、Sayonara 牌褲襪等物美價廉的商品。德國人的節儉精神使阿爾迪能夠保持較低的成本，從而能夠使阿爾迪保持較低的價格，在與沃爾瑪的競爭中，絲毫不落下風。阿爾迪的創始人卡爾·布萊希特曾說：「實行最低價格是我們商業經營的基礎。」

德國可以說是由於節儉而成功的一個典範。然而企業卻有很多奢侈浪費的現象，許多企業因此而與成功失之交臂。

一家企業想與一家美國公司洽談商務合作事宜，為此，這家國企花了大量時間做前期準備工作。在一切準備工作就緒後，這家國企邀請美國公司派代表前來企業考察。

前來考察的美國公司的 CEO，在這家國企領導的陪同下，參觀了企業的生產工廠、技術中心等一些場所，對中方的設備、

技術水準以及工人操作水準等都點頭認可。中方非常高興，設豪華宴席款待了美方 CEO。

宴會選在一家十分奢侈的大酒摟,有 20 多位中方企業代表及市政府的官員前來作陪。這位 CEO 還以為中方有其他客人以及活動，當他知道只為款待他一人時，感到不可思議，當即表示與中方企業的合作要進一步考慮。

這位 CEO 回國後，發來一份傳真，拒絕了與這家國企的合作要求。中方認為，企業的各項要求都能滿足美國公司的要求，對美方 CEO 的招待也熱情週到，卻莫名其妙地遭到拒絕，對此他們覺得不可理解，便發函要詢問個究竟。

美國公司回覆說:「你們吃一頓飯都如此浪費，若我們把大筆資金投進去，怎麼放心呢？」這家國企因為一頓奢侈的晚宴而毀掉一個即將到手的合作機會，很是懊惱，但此時他們追悔莫及！

節儉既是節儉資源、降低成本的需要，也是公司作為一個現代企業應該具備的基本素質和文化。如果企業營造出了良好的節儉氣氛，那也就意味著它擁有了永續經營的素質。

當然，在公司裏營造出良好的節儉氣氛，需要每一名員工的共同努力，杜絕自己身上的奢侈之風，從自我做起，從源頭上杜絕浪費。因此，我們要學習德國人的節儉意識，在公司裏更要把它發揚光大，感染他人，互相傳遞，共同進步。

10

節儉一分錢，挖掘一分利

「泰山不讓土壤，故能成其大；河海不擇細流，故能就其深。」公司的發展壯大和節儉每一分錢的關係正是如此。

世界上所有規模龐大、實力雄厚的企業，都不是憑空產生的，而是靠著所有員工一步一個腳印創造出來的，是一分錢一分錢地省出來的。

以施萊克爾的名字命名的連鎖雜貨超市，在德國各地到處都有，而且越來越多。但是，這些超市卻不是門庭若市，反倒經常是門可羅雀。這種店的店主也能發財嗎？事實還真的就是這樣：2003 年年初，施萊克爾所擁有的資產高達 13 億歐元，是一位名副其實的億萬富翁。

施萊克爾出生在德國斯圖加特以南那一大片以「人人儉省」著稱的施瓦本地區。1965 年，年僅 21 歲的施萊克爾接管了他父親的肉品店。同年，他在艾賓根城的邊上開出了他的第一家自選商場。

1975 年，施萊克爾邁出了他商業道路上的關鍵一步。那時正值雜貨價格下跌，他創辦了一家銷售洗滌劑、刷子和香水等商品的新式商場。兩年後，他已經擁有 100 多家這樣的商店。

施萊克爾的擴張戰略很簡單、很特別，但也很有效。那個城市不那麼繁榮的街區如果有一家小店關門倒閉，施萊克爾便派人到那裏。經過一番討價還價之後，施萊克爾以超低價格租下店面。他並不要求高銷售額，而只求以最低的成本來經營。

施萊克爾的這種超低成本經營法，有時竟到了讓人哭笑不得的地步。例如，為了節省開支，有些分店很長時間裏只用一名僱員。又如，在相當長的一段時間裏，許多分店不安裝電話。因為施萊克爾認為，電話放在那裏只能被僱員們用來打私人電話。

施萊克爾通過自己的節儉獲得了成功。如今施萊克爾超市在德國已擁有 8000 多家分店，35000 餘名員工，年營業額高達 35 億歐元，是歐洲最大的 25 家商業集團之一。

追求利潤是企業的根本目標。企業利潤就像人的血液一樣，假如企業造血功能不好，發展就會受到限制。要想實現利潤最大化，增加自身的造血功能，企業不但要會開源，更要會節流，降低各方面的成本。利潤指標是定量的，如果降低了成本，就等於提高了利潤，節儉一分錢就等於挖掘出了一分利。

企業之間的競爭發展到一定階段，不但是業務能力的競爭，更是成本能力的競爭。尤其在產品同質化嚴重的今天，誰擁有了成本優勢，誰才能在競爭中勝出，才能獲得最大的利潤。所以，節儉是企業必須掌握的一門技能，因為它決定著企業的成敗。

奧克斯能夠在冷氣機市場上佔有一席之地，就是因為採取了多種手段來加強控制自己的成本，努力節儉每一分錢，以此來堅持自己的低價冷氣機的定位。

奧克斯有句口號叫做「一切為成本服務」。在奧克斯人看來，節儉一分錢就是挖掘出一分利。在奧克斯有「省一個人省10 萬元，省一個環節省 1 萬元，集成一個零件省 10 萬元」和「加一項新技術值 100 萬元，加一項新建議值 10 萬元」的「加減法」理論，在效率效益上多做加法，費用成本方面盡力做減法。

從一個很小的例子可以看出奧克斯「節儉一分錢就等於挖掘一分利」理念的成功。作為 500 強企業的奧克斯橫跨電力產品、家電產品、通信、汽車、能源、物流、醫療、房產 8 大領域，業務增長迅速。像這樣一個大型的企業，一年的用紙量是多少？也許很多人認為這是一個無足輕重的問題，但奧克斯卻十分精細地統計過，是 4.3 噸。並且這些僅僅是用於對外標書的製作和公文的傳遞。為了節省下每一分錢，奧克斯在企業內部，大至公司制度、請示報告和會議紀要，小到獎罰單、請假條和採購指令單，竭力實現「無紙化」辦公，節省成本。

與奧克斯相比，有些企業管理者就遜色了。他們總認為「家大業大，浪費點沒啥」，粗放經營，疏於管理，致使原材料浪費大，能源消耗多，影響了企業的經濟效益，加劇了企業的經營困難。這是很可惜的。

節儉一分錢就等於挖掘一分利，一個具有節儉意識的人或企業，在面對紛繁複雜的競爭和未來的不確定性時，會具有更強的實力，會有更大的獲勝幾率。

席爾瓦是巴黎的一位有名的銀行家，但是他曾經一貧如洗。

那時，他每天晚上都要到一家小酒館裏去吃飯，偶爾喝上

一品脫啤酒。當時的啤酒用的是軟木塞，他起初並沒有怎麼在意，後來發現市場上有人回收這些木塞，自己為什麼不把它們收集起來賣呢？

於是，從那以後，他開始收集軟木塞，每天都去吃飯的酒館把能找到的所有軟木塞收集回去。日復一日，他那樣收集了整整 8 年，後來收集到的軟木塞居然賣了 8 個金路易！

而這 8 個金路易就成了他發家的資本，後來投資到了股票市場上，逐漸贏利，後來成為了一名知名的銀行家。他在死後留下了約 300 萬法郎的遺產。

從一無所有到事業有成，家產幾百萬法郎，節儉造就了席爾瓦。微不足道的一個個軟木塞卻給他帶去創業的基礎，可見，節儉對於創業的人來說極其重要。贏利還是虧損，很可能就是由是否節儉決定的，很多時候沒有意義的花銷看起來只有微不足道的幾分錢，但長年累月眾多名目的支出，累積起來就是一筆很大的支出，要想更好地獲利必須節儉，儘量減少不必要的開支。如果一個人能意識到「節儉一分錢就等於挖掘一分利」，那麼他將會使自己終身受益。

11

戴爾電腦公司如何節儉原料庫存

戴爾公司剛成立 4 年的時候，順利地從資本市場上籌到了資金，首期募集的資金是 3000 萬美元。對於靠 1000 美元起家的公司來說，這筆錢的籌集，使戴爾的管理者開始認為自己無所不能。同時，大量的資金趴在賬上，使邁克爾·戴爾產生了急於做大的心理，並為資金尋找出路。於是，戴爾大量購買記憶體。

但是一夜之間，形勢就發生了逆轉。「我們在 1989 年經歷的第一個重大挫折，原因居然與庫存過量有關係。」戴爾回憶說，「我們當時不像現在，只採購適量的記憶體，而是買進所有可能買到的記憶體，我們在市場景氣達到最高峰的時候，買進的記憶體超過實際所需，然後記憶體價格就大幅度滑落。而屋漏偏逢連陰雨，記憶體的容量幾乎在一夜之間，從 256K 提升到 1MB，我們在技術層面也陷入了進退兩難的窘況，我們立刻被過多且無人問津的記憶體套牢，而這些東西花了我們大筆的錢。這下子，我們這個一向以直接銷售為主的公司，也和那些採取間接模式的競爭對手一樣，掉進了存貨的難題裏。結果，我們不得不以低價擺脫存貨，這大大減低了收益，甚至到了一

整季的每股盈餘只有一分錢的地步。」

此後，戴爾吸取了教訓，開始堅持不懈地降低庫存量。現在，一般 PC 機廠商的庫存時間是 2 個月，聯想是 30 天，康柏是 26 天，而戴爾的庫存量只相當於 5 天的出貨量！這就意味著戴爾擁有 3% 的物料成本優勢，反映到產品價格上就是 2% 到 3% 的低價。很多專家在研究後，都認為低庫存是戴爾模式競爭力的主要體現。

很多企業的庫存居高不下，一個是意識上的原因，認為企業必須有庫存，否則客戶來提貨時，卻發現倉庫裏沒有貨怎麼行？再一個就是和戴爾一樣，是盲目求大的心理在作怪，恨不得一口吃成一個大胖子，結果就很容易被噎著。誰都想做大，問題是想一口氣就把產量、銷量提上去的想法是很不現實，同時也是很危險的。再強壯的人，也得一口一口地吃飯。

企業的產品生產，應該首先重視市場，把市場的需求摸得滾瓜爛熟，要以銷定產、以產定購，做到產得出、銷得掉，發運及時。現在很多企業實行的訂單生產，有了需求再去採購原材料，再去組織生產，生產完畢就立刻交貨，就是在以銷定產，減少企業的庫存。管理者應該多加借鑑。

除了關注需求以外，企業還應該從供應商身上尋求解決庫存的途徑。比如，某電腦企業一共需要 10000 件顯示器，但是生產的週期比較長，企業就可以讓供應商一次送 1000 件過來，等消化得差不多了再送 1000 件，分成 10 次送完，這就等於把存貨的壓力轉移了出去。

家電企業美的中流傳著一句話：「寧可少賣，不多做庫存。」這句話體現了美的控制庫存的決心。然而，庫存確實不容易控

制。

像戴爾、海爾這樣按單生產的企業，可以拿最準時、最經濟的生產資料來採購和配送，以滿足製造需求，但是，這並不是所有的企業都能做到。不過，還有另外一種模式可以滿足其他企業的要求，這就是按庫存生產，即把庫存控制在一個較低的、合理的水準，始終按照這個水準來組織生產。

其實，大部份企業都可以相容這兩種模式，很多引入成本控制的企業都由管理庫存的部門或銷售公司等非最終消費者制定庫存量，並以此向生產部門下訂單。這就需要管理者準確做好市場預測。

比如美的公司的物流事業部，它承擔產品庫存成本，採購訂單由它們下達。而美的的製造工廠則像戴爾一樣，按這些訂單製造，承擔原材料和零配件的庫存成本。它們分開核算庫存成本，便於分別控制用於銷售和生產製造的不同性質的庫存。如果成品存貨超過預定量，那麼積壓的資金將按一定比例從物流事業部年度贏利額中扣除。這種激勵機制客觀上迫使物流事業部不得不盡可能地做準市場預測。於是，美的便根據以往的歷史銷售數據、市場的自然增長率、企業本身的發展期望值、競爭對手的銷售數據等，來作出市場預測，並以此制定生產。

企業可以依據以上因素，先做年度產品計劃，再根據產品的不同類型、產品銷售的月份、產品市場區域等，分解成企業生產的中、短期計劃。其他企業管理者也可以借鑑。

著名供應鏈專家馬丁·克裏斯多弗曾說:「市場上只有供應鏈而沒有企業」，「真正的競爭不是企業與企業之間的競爭，而是供應鏈和供應鏈之間的競爭」，這啓示我們的企業一定要照顧

好自己的供應鏈。

作為供應鏈管理最典型的策略，零庫存策略已經在企業的實踐中充分證明了自己的價值，任何想最大限度地降低庫存成本、增加自己利潤的企業，都不能繞過這一關。

一般生產企業的物料成本往往佔整個生產成本的 60%左右，但這只是有形成本。至於隱形成本，是指物料的儲存管理成本。物料儲存管理成本是指從物料被送進公司開始，到成為成品賣出去之前，為它們所投入的各種相關管理成本，如倉庫管理人員的薪資、倉庫的租金或折舊、倉庫內的水電費、利息、管理不當所造成的耗損、表單等等。

根據專家的研究發現，物料儲存管理成本約佔物料有形成本的 25%左右。物料本身的成本已經夠沉重了，如果管理不好，所造成的影響不堪設想。所以，物料的庫存可以說是企業管理的重心所在。

降低庫存量，物料週轉率就會提高，資金週轉隨之加快，積壓減少，利用率就提高。貨物存量過多或過少都不合適，存量過多會使資金積壓，且存貨儲備成本加大；存量過少，材料供應跟不上，容易造成停工待料，不能滿足客戶的要求。所以，庫存成本控制的關鍵是「重要的少數」。

在買方市場的條件下，W 企業利用社會資金為我所用，保證供應，對部份有規律的消耗品種實行「零庫存供料」，具體做法有兩種：

1.對部份距離公司較近，且不會立即危及生產的品種，由供貨方按 W 公司要求保持一定數量的成品庫存，根據 W 公司的書面通知，直接將貨物送到使用地點，驗收合格後辦理出入庫

手續進行結算。

　　2.對部份必須保持一定庫存儲備的零散用料及關鍵品種，通過招標或比質比價方式，確定供貨廠商，簽訂零庫存供料協議書，由供貨方在我公司倉庫存放一定數量的產品，由我公司代爲保管，所有權仍歸供貨方，適用後再辦理出入庫手續結算，消耗多少結算多少，不用則由供貨方提回。

　　這樣既保證了供應又降低了儲備資金的佔用，同時也避免了因計劃不準等造成的庫存積壓，此項措施實施幾年來，效果非常明顯，每年平均減少儲備資金佔用近 100 萬元。

　　要減少庫存量，應根據資金週轉率、儲存成本、物料需求計劃等綜合因素計算出最經濟採購量。還要合理安排好倉儲，因爲貨倉是連接生產、供應、銷售的中轉站，應最大限度地合理利用儲存空間，儘量採用立堆的方式，增加空間，提高庫位使用率，降低儲備成本。

　　另外，還要做好呆廢料的預防與處理工作。物料一旦成爲呆廢料，其價值就會急劇下降，而倉儲管理費用並不因爲物料價值下降而減少。所以要及時處理呆廢料，做到物盡其用，節省人力，節儉倉儲空間。可以通過修改再利用、借產品設計消化庫存、打折出售、與其他公司以物易物等途徑解決。但預防重於處理，應加強業務部與生產部的協調，增加生產計劃的穩定性，妥善處理緊急訂單，儘量減少呆料的產生。

　　同時，採購管理部門要把握好物料申購、訂購時機，減少乃至避免呆廢料現象的發生，最大限度地降低物料成本。

　　Dell 電腦採取按訂單生產的模式，控制原材料和零配件庫存是焦點。一般情況下，包括手頭正在進行的作業在內，其任

何一家工廠裏的庫存量都不超過 5～6 個小時的出貨量。這種模式，就是 JIT(Just In Time)方式，即以最準時、最經濟的生產資料採購和配送滿足製造需求。

零庫存，即沒有資金和倉庫佔用，是庫存管理的最理想狀態。然而，由於受到不確定供應、不確定需求和生產連續性等諸多因素的制約，企業的庫存不可能為零，基於成本和效益最優化的安全庫存是企業庫存的下限。但是，通過有效的運作和管理，企業可以最大限度地逼近零庫存。

心得欄 ------------------------------

12

省下的越多賺到的也就越多

「省下的就是賺到的，省下的越多賺到的也就越多」，這一理念，不僅適用於普通人的家居理財，同樣也適用於政府機關、所有企事業單位的領導與員工在工作中的貫徹執行。

很多叱吒風雲的大企業的利潤實際上都是省出來的。

60 年前，王永慶只不過是一家小米店的店主。由於當時脫粒技術不過關，米裏面很容易混進一些雜物。王永慶就一粒一粒地將混雜在米中的雜物揀乾淨，他從不因此而感到辛苦或者麻煩。有時為了一分錢的利潤，王永慶會在深夜冒雨把米送到客戶家中。勤儉使王永慶的米店日漸紅火，為日後的創業打下了基礎。1954 年，他創建了台灣第一家塑膠公司(台塑)，成為台灣最大的民間綜合性企業。

王永慶說：「多爭取一塊錢生意，也許要受到外界環境的限制，但節儉一塊錢，可以靠自己努力。節省一塊錢就等於淨賺一塊錢。」在降低成本方面，王永慶不遺餘力。1981 年台塑以 3500 萬美元向日本購買了兩艘化學船，實行原料自運。在此之前，台塑一直租船從美國和加拿大運原料。如果以 5 年時間來計算，租船的費用高達 1.2 億美元，而用自己的船隻需要 6500

萬美元,從中可以節省 5500 萬美元。台塑把節省下來的運費用在降低產品價格上,從而使客戶能買到更具價值的台塑產品。

王永慶認為,最有效的摒除惰性的方法就是保持節儉。節儉可以使企業領導者和員工冷靜、理智、勤勞,從而使企業獲得成功。

王永慶曾經說過:「如果我們能夠對一些細節進行研究,就能細分各操作動作,研究其是否合理。如果能夠將兩個人的工作量減為一人的,那麼生產力會因此提高 1 倍;如果一個人能兼顧兩部機器,那麼生產力就會提高 3 倍。」

王永慶的經歷向世人揭示了其成功的秘訣:憑藉節儉,盡自己的能力努力創造財富。

規模越大的企業和越有實力的老闆,越重視點滴的節省和創收,比如日立公司在開展節儉運動時曾提出「1 分鐘在日立應看成 8 萬分鐘」的口號,意思是說,一個人浪費 1 分鐘,日立公司的 8 萬多名員工就要浪費 8 萬多分鐘;按每人每天 8 小時計算,8 萬分鐘就相當於一個人工作 166 天。每個人浪費一點,累積起來就會給整個公司帶來巨大浪費。

當然,一家企業如果只靠老闆重視節儉是不夠的,每一名員工也應做到盡職盡責。為公司節省,這樣才會使自己與公司賺得更多。

「省下的就是賺到的」,每一名員工都要擁有這種理念,這樣才能使公司賺取更多的利潤,同時,自己也才會從中獲益更多。

13

不允許浪費任何資源

　　早期由於經濟的相對封閉性，只要擁有低廉勞動力成本，或者豐富自然資源的地區，就能在競爭中佔有一定的優勢。這些地區的企業可以憑藉地區優勢稱霸一方，獨佔市場。

　　但是隨著經濟全球化的迅猛發展，資訊技術的日益普及，地域對於經濟的影響已經越來越小。勞動力資源、技術資源、資金，等等，都因國際化而變得越來越成為共有的資源。經濟的國際化使得地區所獨自享有的資源優勢已經喪失殆盡。所以要想使得企業在競爭中立於不敗之地,任何資源都不允許浪費。

　　20 世紀 90 年代，在鋼鐵企業普遍虧損的情況下，邯鋼卻脫穎而出，在利潤率方面成為同行業的佼佼者。

　　很多人不知道，在贏利之前，邯鋼曾連續 17 年虧損。為了扭轉虧損局面，邯鋼把目光盯在消除資源的浪費上。鋼鐵行業是多流程、大批量生產的行業，邯鋼的決策者們在調研中發現企業內部資源浪費驚人，而這些浪費無疑加大了企業的成本。於是，邯鋼決定從成本入手，甩掉虧損的帽子。

　　他們根據當時市場上原材料、產品、能源及輔助材料等的平均價格，來編制企業內部成本，並根據市場價格的波動及時

調整和修改。邯鋼從原料採購到煉鋼、軋鋼開坯和成材,將各道工序的生產指標全部進行優化,爭取在每一道工序上都不出現浪費。

邯鋼生產的線材,在 20 世紀 90 年代初,每噸成本高達 1649元,而市場價只能賣到 1600 元,也就是說每銷售一噸線材企業要虧損 49 元。49 元的虧損,就意味著企業內部存在 49 元的浪費。必須從各個工序裏把它找出來!在查找浪費的過程中發現,僅在產品的包裝上,每個月就會產生上百噸廢料,由此造成的損失超過 60000 元。在對包裝設備進行了全面的技術改造後,每噸鋼材的成本就下降了 8 元。經過認真分析,採取相應措施後,開坯工序每噸鋼坯成本降低了 5 元,鋼錠生產工序每噸成本降低了 24.12 元,原料外購每噸成本降低了 30 元……

經過層層分解,邯鋼將每噸鋼的成本最高限額壓到了最低。大到幾千萬、幾億元的工程項目,小到一張紙、一張郵票、一根螺絲釘,他們都精打細算。

為了促使這種機制高效運轉,提高每位員工的節儉意識,邯鋼在給分公司下達成本目標的同時,採取了非常嚴格的獎懲制度以保證目標的完成——對於實際成本超出目標成本的分公司實行重罰,對於實際成本低於目標成本的公司實行重獎;同時加大了獎金發放的力度,獎金額佔工資的 40%～50%。另外,還設立模擬市場核算效益獎,按年度成本降低總額的 5%～10%和超創目標利潤的 3%～5%提取,僅 1994 年效益獎就發放了5800 萬元。

2002 年,鋼材市場競爭異常激烈,鋼材價格一降再降,而原材料價格不斷上漲,在這樣的情況下,邯鋼仍實現了銷售收

入 115.24 億元、利潤 5.5 億元的佳績，令同行業驚歎不已。

通過邯鋼的事例我們可以得出一個結論，任何企業要想削減自己的經營成本，就必須在經營管理的各個環節進行有效的控制，避免任何資源的浪費。

由此可見，眾多在成本領先戰略上獲得巨大成功的企業，無一不是得益於他們從不浪費任何一點資源。對於成功企業如此，對於那些普通的企業來說，更是如此。因為，利潤不僅來自企業創造的價值，同樣來自對於資源的節省。

作為企業的一名員工更要有「不允許浪費任何資源」的意識，因為企業再發展也離不開員工的共同努力。當員工有了這種意識以後，企業不浪費資源，贏得利潤才有可能實現。

所以，要想成為優秀員工，就要自覺自願地行動起來，為企業節儉資源，為自己創造更大的發展空間。

心得欄

14

微利時代節儉的意義
·····································

　　對企業而言，適應低價微利的市場環境，只有兩條路可走：
一是精打細算，降低成本；二是生產高附加值的產品。在微利
時代，節儉具備了非同尋常的意義。

　　微利時代是社會發展的一種趨勢。所謂「微利時代」是對
應「厚利時代」而稱的，具體而言就是社會經濟環境不確定性
加大，企業的經營管理活動呈高投入、高成本、高風險狀態，
企業的整體效益水準保持在一個低位的時代。

　　當前，我們已經從高利潤時代走進了微利時代，降低成本、
保證品質、開發新產品是微利時代企業贏得市場的唯一出路。

　　雙童吸管廠專門生產飲料吸管，是靠 8 毫錢的利潤空間迅
速壯大起來的，這樣小的利潤空間，如果不靠節儉，恐怕連 8
毫錢的利潤空間都保不住。

　　該吸管廠 90%以上的吸管外銷，一年的產量佔了全球吸管
需求量的 1/4 以上。如今，該廠每天有兩個集裝箱櫃子約 8 噸
重的產品運往世界各地。8 噸的產量相當於多少吸管？大約是
1500 多萬支。據這個廠的管理人員介紹，每支平均銷售價為 8
～8.5 厘錢，其中原料成本佔 50%，勞力成本佔 15%～20%，設

備折舊等費用在 15%以上，純利潤約 10%。也就是說，一隻吸管的利潤在 8 毫～8.5 毫錢之間。

為了節儉成本，提高投資效益，雙童吸管廠甚至到了一切都「絲絲入扣」的地步：夜裏的電費成本低，公司就把耗電高的流水線調到夜裏生產；吸管製作技術中需要冷卻，生產線上就設計了自來水冷卻法。就這樣，他們硬是從成本中將利潤節省出來，創造了自己的輝煌。

該廠管理人員說:「在當今微利時代，這是不得已而為之。不精打細算，我們就保不住微利。」

當買方市場取代了賣方市場，企業的利潤會進一步攤薄；當全球化競爭來到我們身邊，所有企業都不得不面對市場競爭加劇、利潤急劇下降的考驗。

今天的商業世界，比以往任何時候的競爭都激烈，幾乎所有的企業都將面臨或已經面臨微利的挑戰。

微利時代，是考驗每個員工的時候。每一位員工要認識到微利時代的基本特徵，自動自發地在工作中主動節儉，千方百計降低成本。這樣，才能交出一份閃亮的成績單，鑄造出企業和自己的輝煌。

企業經營的最終目的就是贏得利潤，因為利潤是企業生存的關鍵。在嚴峻的形勢下利潤空間日趨狹窄，比拼的就是成本，誰能低成本佔領市場，誰就是贏家。

在這個充滿競爭的時代，幾乎所有的企業都將面臨或已經面臨微利的挑戰。大家知道，企業的利潤和成本密切相關，當今有效地降低運營成本已經成為多數企業競相追逐的目標。因此，在利潤空間日趨狹窄的情況下，誰的成本低誰就可以獲得

生存和發展。

所以說，面對日益嚴重的能源危機，面對嚴重的浪費現象，面對這樣一個微利時代，企業要生存，就要注意提高自己的節儉意識，樹立自己的節儉精神。

心得欄

15

高層領導幹部是節儉的榜樣

榜樣的力量是無窮的，高層領導若能在生活和工作中處處
節儉，自然會影響和感染基層員工。高層領導的節儉行為，不
管大小，都具有很強的導向作用。

唐太宗身為一代名君，生活起居方面堅持屬行節儉，誰能
相信一個大帝國的君主一開始連一個像樣的宮殿都沒有，住的
還是隋朝遺留下來的破舊宮殿。

太宗患有「氣疾」，應該住在高敞通明的宮殿裏，而皇宮十
分「卑濕」，在夏暑秋涼的季節容易發病。貞觀二年，公卿大臣
從愛護他的健康出發，都建議「營一閣以居之」，而且從《禮記》
上找出了根據。

按理說：皇上有病，建造一座樓閣來住，不算為過，也談
不上奢侈。可是太宗反而向他們解釋說：「我患有氣病，確實不
適宜住在低下潮濕的皇宮裏。但是，如果同意了你們的請求，
靡費實在太多。」

唐太宗還用漢文帝「露台惜費」的故事來教育公卿大臣。
原來漢文帝計劃建造一座露頂高台，工程預算要費百金，相當
於民間十戶中等人家的財產。文帝覺得太靡費、太奢華，就停

止了營造。太宗為此深有感觸地說:「我德行趕不上漢文帝,而耗費的財物卻超過他,難道說是作為百姓父母的國君應有的德行嗎?」公卿大臣再三請求,太宗堅決不答應,此事才作罷。

唐太宗在位期間,不但注意節制自己的奢侈,對皇親國戚,達官貴族的奢侈之風也能注意有所限制。西元 627 年,他曾下令,限制王公以下貴族住房過於奢華,並對貴族用車馬,衣著服飾的具體標準做了規定。貴族婚喪費用是國家一項不小的開支,有些貴族為了顯示身份,大擺排場,有的當事人也趁機大撈一筆。因此,唐太宗對各級貴族婚嫁喪葬的費用也做了規定,並強調:一律禁止不符合規定的奢侈之舉。嚴重者依刑法處罰。

太宗節制奢華,還表現在對子女的教育方面。他見到桌上有山珍海味就對他們說:「你們知道耕種的艱難嗎?」當他聽到他們滿意的回答後,就一再囑咐他們:「要懂得節制奢華,懂得百姓的艱難。」在臨死的前一年,還多次告誡太子說:「要是為君的不注意節儉,驕奢淫亂,不要說政權保不住,恐怕連自己的性命也保不住了。」

由於唐太宗提倡戒奢崇簡,並且以身作則,因此在貞觀時期逐漸形成了一種崇尚節儉的風氣,出現了一大批以節儉聞名的大臣。

前日本經團聯會長土光敏夫,是一位地位崇高、受人尊敬的企業家。土光敏夫在 1965 年曾出任東芝電器社長。當時的東芝人才濟濟,但由於組織太龐大,層次過多,管理不善,員工鬆散,導致公司績效低下。

土光敏夫接掌之後,立即提出了「一般員工要比以前多用三倍的腦,董事則要十倍,我本人則有過之而無不及」的口號,

來重建東芝。

土光敏夫為了杜絕浪費，還借一次參觀的機會，給東芝的董事上了一課。有一天，東芝的一位董事參觀一艘名叫「出光丸」的巨型油輪，由於土光敏夫已去看過 9 次，所以事先說好由他帶路。那一天是假日，他們約好在某車站的門口會合。土光敏夫準時到達，董事乘公司的車隨後趕到。

董事說:「社長先生，抱歉讓您久等了。我看我們就搭您的車前往參觀吧!」董事以為土光敏夫也是乘公司專車來的。

土光敏夫面無表情地說:「我並沒有乘公司的轎車，我們去搭電車吧!」

董事當場愣住，羞愧得無地自容。

原來土光敏夫為了杜絕浪費，便以身示範搭電車，給那位董事上了一課。這件事立刻傳遍整個公司，上上下下立刻心生警惕，不敢再隨意浪費公司的物品。

真正節儉的人有能力講究奢侈鋪張浪費，但是從內心裏並不願意這樣做的人才是具有節儉美德的。

眾所週知，微軟公司的創始人比爾·蓋茨是當今世界的首富，他的個人淨資產已經超過美國 40%最窮人口的所有房產、退休金及投資的財富總值。簡單地說，他 6 個月的資產就可以增加 160 億美元，相當於每秒有 2500 美元的進賬。然而，比爾·蓋茨的節儉意識和節儉精神比他的財富更令人驚詫。

從微軟創業時起，比爾·蓋茨就非常注重節儉。一次，兼任微軟公司總裁的魏蘭德將自己的辦公室裝飾得非常氣派，比爾·蓋茨看到後非常生氣，認為魏蘭德把錢花在這上面是完全沒有必要的。他對魏蘭德說，微軟還處在創業時期，如果形成

這種浪費的風氣，不利於微軟的進一步發展。

即使在微軟開始成為業界營業額最高的公司時，比爾‧蓋茨的這種作風也沒有改變過。1987年，還是在比爾‧蓋茨與溫布萊德相好的時候，一次，他們在一家飯店約會，助理為他在該飯店訂了間非常豪華的房間。比爾‧蓋茨一進門便發呆了，一間大臥室、兩間休息室、一間廚房，還有一間特大的、用於接見客人的會客廳。比爾‧蓋茨簡直氣蒙了，禁不住罵道：「是那個幹的好事？」

比爾‧蓋茨一年四季都很忙，有時一個星期要到四五個國家召開十幾次會議。每次坐飛機，他通常都坐經濟艙，沒有特殊情況，他是絕不會坐頭等艙的。

有一次，在美國鳳凰城舉辦電腦展示會，比爾‧蓋茨應邀出席。主辦方事先給比爾‧蓋茨訂了張頭等機艙的票，比爾‧蓋茨知道後，沒有同意他們的做法，然後硬是換成了經濟艙。還有一次，比爾‧蓋茨要到歐洲召開展示會，他又一次讓主辦方將頭等艙機票換成經濟艙機票。

還有一次，比爾‧蓋茨和一位朋友開車去希爾頓飯店。到了飯店前，發現停了很多車，車位很緊張，而旁邊的貴賓車位卻空著不少。朋友建議把車停在那兒。

「噢，這要花12美元，可不是個好價錢。」比爾‧蓋茨說。

「我來付。」朋友堅持道。

「那可不是個好主意。」在比爾‧蓋茨的堅持下，他們最終還是找了個普通車位。

在微軟，比爾‧蓋茨已經成為員工、尤其是一些新員工的榜樣，他的作風感染了許多人。所以微軟員工的樸素也是很出

名的。這並不是說比爾·蓋茨吝嗇或是小氣，他是在鍛鍊自己的意志力，也是在培養員工的艱苦創業精神，這無疑是一種非常可貴的精神。

節儉是一種美德，作為一個企業領導者，應該清楚你的節儉行為，不管大小，都具有很強的導向作用。領導者的言行舉止是下屬關注的中心和模仿的樣板。

台灣塑膠集團董事長王永慶說：「勤儉是我們最大的優勢，放蕩無度是最大的錯誤。」他是這樣說的也是這樣做的。在台塑內部，一個裝文件的信封他可以連續使用 30 次，肥皂剩一小塊，還要粘在整塊肥皂上繼續使用。王永慶認為：「雖是一分錢的東西，也要撿起來加以利用。這不是小氣，而是一種精神，一種良好的習慣。」

由此可見，要想成為一個卓越的高層領導者是相當不容易的，清廉儉樸這一點，每一個高層領導都應該努力做到。

心得欄 -

- -

- -

- -

- -

- -

16

成由勤儉，敗由奢

....

　　每個人都必須意識到，在市場競爭日益激烈的今天，節儉已經不僅僅是一種傳統的美德，更是一種高尚的職業素養，它可以增強個人的職場競爭力，從而成爲一種成功的資本。

　　在大眾眼裏，著名體育明星和演藝明星都是住豪宅開名車的富豪一族，而拳王泰森為什麼會陷入財務危機呢？

　　美國拳王泰森出身貧困，少年的他就開始參加拳擊訓練，通過不懈的努力漸漸在拳壇嶄露頭角，後來順利成為世界拳王，一度所向披靡。隨著大量財富蜂擁而來，很快讓他累積了4億多美元的財產。

　　泰森有著幾億美元的身家，在鼎盛時期所積累的財富，是一個普通美國人需要工作 7600 年才能擁有的。但他最後(2003年 8 月)卻因為 2700 萬美元的債務不得不申請破產，實在是令人難以置信。

　　按照泰森自己咬牙切齒的說法，經紀人唐・金騙走了自己總收入的 1/3；第二任妻子莫尼卡為了離婚的贍養費幾乎把自己榨乾；那些和自己各種齟齬官司有關的人，包括律師和受害人，都從他身上撈足了油水。而人們普遍認為，歸根結底，奢

華糜爛、揮霍無度的生活，平時出手太過闊綽，才是其迅速破產的重要原因。

　　泰森的荒淫無度和揮霍成性，是世人皆知的。說到底，破產完全是他咎由自取。除去他那些齷齪官司所耗費的上千萬美元的律師費，以及付給前妻的贍養費外，平時出手太闊綽，也是他迅速敗光幾億美元家產的主要原因。名車、遊艇和豪宅，自然不在話下。他住的別墅有 38 個衛生間，還有十幾部跑車。

　　有一次，在拉斯維加斯愷撒宮酒店的豪華商場，泰森帶著一幫狐朋狗友前來購物，老闆一看財神來了，於是索性關門「清場」，專門招待泰森一行。結果這幫人挑了價值 50 萬美元的貴重物品，泰森全部代為「埋單」。

　　泰森的負債報表中，最好笑的是欠了一家珠寶店 17 萬美元，那是他在購買一條項鏈時忘了付錢。珠寶店老闆在接受採訪時輕描淡寫地說:「和泰森以前在店裏的總花銷相比，這點小錢只是個零頭。」言下之意無非是，即使泰森日後不付這筆錢，他也沒吃什麼虧。

　　泰森在一年時間裏光手機費就花了超過 23 萬美元，辦生日宴會則花了 41 萬美元。他想到英國去花 100 萬英鎊買一輛 F1 賽車，後來明白 F1 賽車不能開到街道上，只能在賽場跑道裏開才作罷，最後把這 200 萬英鎊變成了一隻鑽石金表，可才戴了不到十來天，就隨手送給了自己的保鏢。甚至動輒有幾萬、十幾萬美元的巨額花費，連自己都搞不明白去處。如此花銷，恐怕就是金山也會被挖空的。

　　雖然從 1998 年起，泰森已經承擔了巨大的債務壓力，但習慣信用消費的他還是在 2002 年 12 月 22 日選購了一條價值

173706 美元、鑲有 80 克拉鑽石的金鏈。2002 年 6 月,他負債 8100 美金用於照料他的老虎,65000 美金保養他的豪華轎車。但是實際上,泰森在 1991 年以後淨收入不斷減少,但是他並沒有因此而改變奢侈消費的習慣,入不敷出。而即使是在申請破產保護後,他的律師也並不是很清楚他的資產與負債現狀,大量的、名目繁多的債務使得泰森資不抵債。

一個億萬富翁,卻最終因為揮霍無度而變成了一個窮光蛋。可見,致富之道,貴在「勤儉」二字,當用則用,當省則省;否則,你縱然有天大的賺錢本領,也不夠自己「造」的。節儉常常與成功聯繫在一起,奢侈則常常與衰敗結伴同行。幾乎每一個實業家,都自覺地把節儉作為自己的追求。

李嘉誠作為華人首富,坐擁幾十億的家產,他是怎麼看待錢的呢?許多人都聽過這樣一段故事:有一次在取汽車鑰匙時,李嘉誠不小心丟落一枚兩元硬幣,硬幣滾到車底。李嘉誠怕汽車發動後硬幣會掉到路邊的溝裏,就趕緊蹲下身子去撿。這時,他旁邊的一個印度籍保安看到,幫他拾起了硬幣。李嘉誠收回硬幣後,竟給了保安 100 元作為酬謝。李嘉誠說:「如果我不拾這兩元錢,讓它滾到坑渠裏,那這兩元錢便會在世上消失。而 100 元給了保安,他可以拿去用。我覺得錢可以用,但不可以浪費。成由勤儉敗由奢,只要做到一分錢也不浪費,才能不斷地積蓄財富。」

自古以來,中華民族就把「成由勤儉敗由奢」當作治家理國和教育人、激勵人的理念。但是,在很多單位和個人身上,鋪張浪費、浮華奢侈的現象卻非常嚴重。一些單位長流水、長明燈現象屢禁不止;一些人把一頓飯吃上幾千元上萬元當成「小

菜一碟」。不論是單位的鋪張，還是個人的浪費，都是一個共同的社會問題，關鍵是怎樣讓「浪費可恥、節儉光榮」的理念深入人心，成為人們日常工作與生活中自覺遵守的信條。

成由勤儉，敗由奢。成功由勤儉節儉開始，失敗由奢侈浪費所致。勤儉節儉是中華民族的傳統美德，也是一個人品德高尚的表現。對家庭來說，勤儉得以持家；對國家來說，節儉得以安國；對企業來說，節儉就等於發展生產力。

在企業裏，需要每一名員工的共同努力，杜絕身上的奢侈之風，從自我做起，從源頭上拒絕浪費。只要每一位員工的思想認識提高了，立場觀念轉變了，就可以想出許許多多勤儉節儉的好方法，勤儉節儉就可以成為企業和社會的良好風氣，成為我們每個人的良好習慣。

心得欄 _

_ _

_ _

_ _

_ _

_ _

17

節儉下來的都是純利潤
·····································

「節儉出來的都是純利潤」，每一名員工都要擁有這種理念，才能使公司賺取更多的利潤，同時，自己也才會從中獲益更多。

對於企業來說，節儉的都是純利潤。控制好成本，把本來需要支出的部份節省下來，實際上就等於是賺到的利潤，這同時也成了一個新興的利潤點。身處微利時代，除了賺錢的思路、觀念需要及時進行調整、轉變、更新外，更重要的是用節儉的方法來降低成本，增加利潤。當今社會，節儉才是贏利的關鍵。

有一位顧客曾經在超市遇到過這樣一件事：在超市的 6 樓，這位顧客剛剛從電梯裏走出來就看到一位女營業員正從樓梯走下來，她淺色制服的後面有些汗濕。這位顧客有些不解，便上前問她：「有電梯，為什麼還要爬樓梯呢？」

營業員略帶氣喘地告訴他：「在超市裏，無論是總經理還是普通員工，只要不是運貨，均不得乘電梯上下樓。這一規定已經堅持快 4 年了！」

當這位顧客聽完她的回答後，不僅為他們的節儉精神所震撼，還在內心中充滿了對他們的敬意。超市的「節儉大計」受

到企業的高度重視，覆蓋面是全方位的，令人印象尤為深刻。「節儉是贏利的關鍵」，這是他們的理念。

以電梯為例，從 1 樓開到 7 樓，一上一下，經核算總成本大約是 30 元。以前，有不少人乘電梯去 7 樓吃飯，飯堂的速食本來才 30 元一份，可是這頓飯的成本卻是 60 元。有的人乘電梯去廁所，公司豈不是也要負擔 30 元成本？公司有 30 名管理人員和近 200 名普通員工，如果不加控制，平均一人一天乘一次電梯是完全可能的，這個費用就是許多了。企業要賺錢，並非易事，不節儉是不行的！

該企業節儉的措施還有很多，例如超市有兩台中央冷氣機。原來大多是一起開動的，曾經冷得有人在辦公室裏要穿毛衣。現在，很少兩台中央冷氣機一起開，除非某一天酷熱，真有必要才會這麼做。照明方面，2000 年請節電公司裝了節電裝置，可以節電 18.7%。這一節電裝置的購買成本是 20 多萬元，使用僅 10 個月，節儉的電費就超過了成本。

紙張兩面使用在這裏已經成為天經地義。該公司曾有一位中層主管去了別的公司工作，某日回來說，在新公司有一個不好的習慣，就是新公司的紙張都是一面用，讓她覺得挺可惜。可見，紙張兩面用，已達到了習慣成自然的程度。

另外，每位員工的工資都與是否節儉相關。費用節省了，個人可以得到提成，浪費則要受到處罰。要想做到這一點，全面量化有關費用是一個前提。例如，各辦公室的電話費就量化了，即根據以往的電話費，定出一個標準。根據這個標準，節省有獎，超出大家分攤。掃把、紙張、文件夾等辦公用品，員工領用時都知道，用多用少，跟自己的收入有關，能省就省。

　　他們認為，節儉是可以省錢，但不單單是省錢而已，也是一個人素質和企業精神的體現。

　　超市總經理在給員工上培訓課時說：贏利有多種途徑，節儉可以使利潤倍增！

　　是啊，多節儉一分錢，較之多生產一分錢要容易得多，只要每一位管理者與每一位員工稍加注意，便能把省下來的這部份利潤收入公司的腰包。

心得欄 ------------------------------

老闆都歡迎替企業省錢的人

會爲企業省錢的員工，本身就是公司的一筆財富，這樣的員工無論走到那裏，都會受到企業的青睞和老闆的歡迎。

任何一位老闆，都喜歡爲企業省錢的人，無論生活中的老闆本人是多麼地大方豪爽。所以，作爲一名員工，要想得到老闆的信賴和重用，就必須踏實認真地工作，處處爲企業著想，事事爲老闆省錢。

無論公司是大是小，是富是窮，使用公物都要節省節儉，員工出差辦事，也絕對不能鋪張浪費。而事實上，一個具有成本意識，處處爲公司節儉的人才是老闆願意接受的人。

具有成本意識，懂得爲公司節儉的人，將來也才能爲公司賺錢。而這一切，雖然只是反映在一件細小的事情上，但通過這點小事，老闆可以看出一個人不僅是否具有成本意識，而且還瞭解這個人是否能爲公司著想，一個從小處著眼爲公司著想的人，肯定能在其他的方面爲公司著想，這樣的人當然也就是能爲企業賺錢的人。

所有的老闆，都喜歡能夠爲企業省錢的員工，而所有優秀的員工，也都會爲企業著想，總是在工作中厲行節儉，想方設

法爲企業省錢。

國際商用機器公司(IBM)的一位員工設計了一種工具,用來在自己公司生產特殊的電腦接線。在此之前,要以每件 5 美元的價格從其他公司購買這種產品,現在只花幾美分就可以自己生產。這一設計第一年就爲國際商用機器公司省下了 1400 萬美元。員工的建議裏總有許多出人意料的好點子,而且往往只有行家裏手才能想得出來。這些點子單個看上去微不足道,積少成多就能省下一大筆錢。

古人曰:「勿以惡小而爲之,勿以善小而不爲。」這句話在節儉上也一樣適用。一些行爲看似微不足道,例如及時關燈、關水龍頭,天長日久地積累下來,節省下來的就是一大筆錢。如果每個員工都在工作時節省一點點原料,累積起來,就會爲公司節儉很多成本。節儉其實沒有大小之分,做好了小事,在小處注意節儉,一樣能爲公司省大錢。

一家加工童鞋的工廠,刷膠的部門總是超出預算,沒有人去特意浪費,也沒有人偷走原材料,工廠主管一直都找不到原因。後來換了個新的拉長,他仔細地觀察了本部門員工的工作。原來問題在於:刷膠水的刷子太寬了。他們做的是童鞋,而刷子卻是市面上統一規格的,刷子上總會殘留有多餘的膠水,而實際用到的量卻不多,刷一雙兩雙可能沒有多少,但是一天天累計下來,浪費的量就很多了。後來在拉長的建議下改了刷子的寬度,浪費現象也就消失了。

一個刷子的寬窄是一個很不起眼的問題,但就是這個小問題帶來了很大的浪費。在我們的工作中,大家都應該有這種從小事做起,從小事抓起的意識。做好了一件小事,一樣可以爲

公司省錢。

　　每一個員工，都要在工作和生活中提高成本意識，養成為公司節儉每一分錢的習慣。節儉實際上也就是在為公司賺錢。

　　對於員工而言，要想得到老闆的信任和器重，就必須站在老闆的角度，處處為企業著想，事事為老闆省錢。

心得欄
_____
_____
_____
_____
_____

19

微利經營，拼的就是節儉

在這個充滿競爭的時代，幾乎所有的企業都將面臨或已經面臨微利的挑戰。微利時代的到來是一種必然，經濟全球化使企業之間的競爭越來越激烈，企業面臨的生存形勢也越來越嚴峻。對於一個企業來說，企業經營的最終目的就是贏得利潤，因為利潤是企業生存的關鍵。然而企業的利潤和成本密切相關，當今有效地降低運營成本已經成為多數企業競相追逐的目標。因此，在利潤空間日趨狹窄的情況下，誰的成本低誰就可以獲得生存和發展。

所以說，面對日益嚴重的能源危機，面對嚴重的浪費現象，面對這樣一個微利時代，企業要生存，就要注意提高自己的節儉意識，樹立自己的節儉精神。

百安居家居裝飾建材連鎖店，是世界 500 強企業之一，是擁有 30 多年歷史的大型國際裝飾建材零售集團。

百安居何以能在競爭如此激烈的市場中獲得這麼高的利潤呢？原因在於他們深知節儉的奧妙，時刻注意用節儉來提高自己的效益。百安居總經理用的簽字筆價格僅為 1.5 元，很多人都不相信這是事實，但只要到過百安居的人都會知道，百安

居從領導者到普通員工都很注重節儉。

百安居有著非常詳細、嚴密的制度，他們正是通過這些制度，從費用細化、財務預算、操作規範等各個方面來控制自己的成本。對於各項開支，百安居都有一套成型的操作流程和控制手冊。該手冊從電、水、印刷品、勞保用品、電話、辦公用品、設備和商店易耗品等 8 個方面提出控制成本的方法。

在這項制度中，百安居甚至將用電的節儉程度規定到了以分鐘為單位。用電時間控制點從 7：00 到 23：30，依據營業時間、配送時間、季節和當地的日照情況劃分為 18 個時間段，相隔最長的 7 個小時，相隔最短的僅有兩分鐘。

預算與計劃建立了節儉的標準，很好地控制了企業的成本。在百安居的運營報表上記錄著 137 類費用單項。其中，可控費用(人事、水電、包裝、耗材等)84 項，不可控費用(固定資產折舊、店租金、利息、開辦費攤銷)53 項。儘管單店日銷售額曾突破千萬元，但是其運營費用仍被細化到幾乎不能再細的地步，有的費用項目甚至半月預算不到 100 元。

百安居每一項費用都有年度預算和月計劃。財務預算是一項制度，每一筆支出都要有據可依，執行情況會與考核掛鉤。每個月、每個季、每一年都會由財務匯總後發到管理者的手中，超支和異常的數據會做出特別的標示。在公司的會議上，相關部門需要對超支的部份做出解釋。

正是由於有了這種嚴格控制成本的制度，當百安居的總經理要將自己所買筆的價格控制在預算內時，他也就只好買 1.5 元一支的普通簽字筆了。

　　節儉每一分錢的經營策略，使得百安居能夠獲得較高的利潤。正是這種強烈的節儉意識，使百安居的運營費用佔銷售額的百分比遠低於同行。和百安居同樣規模的企業，銷售額只有百安居的一半，運營成本卻比百安居多出一倍。成本相差如此之多，利潤差異自然就在不言中了。

　　一個如此看重節儉的企業，在微利時代，怎麼可能會倒下，怎麼可能不獲得利潤呢？在這樣一個毛利率比較低的時代，戴爾公司同樣也是一個成功的典範。

　　為了降低成本，戴爾公司推行了強制性成本削減計劃，要求在業績上台階的同時，把運營成本降下來。戴爾公司採取雙重考核指標，讓各部門、各分支機構既要完成比較高的業績指標，又要持續地降低運營成本。原本被很多人認為這是不可能的事情，在戴爾公司卻要不折不扣地執行。2001 年戴爾計劃在未來兩年到兩年半的時間裏，要壓縮 30 億美元的支出，這意味著其近 3 年時間內要壓縮相當於經營成本的 10%，即年均壓低運營成本 3% 以上。

　　戴爾公司給經理人的任務是「更高的利潤指標，更低的運營成本」。為確保合理的利潤回報，戴爾公司要求下屬機構在 2001 年將運營成本壓縮 10 億美元。當時降低成本的主要措施是裁員和出售不符合戰略的業務。2002 年，戴爾公司又下達了 10 億美元削減成本計劃，這次削減成本的重點方向是運營流程等方面。戴爾公司總部給其客戶中心下達了在外人看來不能夠完成的任務，這個任務的難度在於基數本來就很小，1998 年戴爾公司在建廠的時候，運營成本只有 IT 廠商平均水準的 50% 左右。在最近幾年間，戴爾公司生產流程中的技術步驟已經削

減了一半。而戴爾的工廠每年都很好地完成壓縮成本的任務。到 2003 年戴爾工廠的運營成本跟 1998 年剛投產時相比，只有當初的 1/3。而 2004 年財務報告顯示，就其最新的一個季而言，戴爾的運營收入達到了 9.18 億美元，佔總收入的 8.5%；而運營支出卻降到了公司歷史最低點，僅佔總收入的 9.6%。2004 年，戴爾廈門工廠在產品運輸方面採取措施來降低成本，每年又節省 1000 多萬美元。

戴爾靠什麼贏得市場？有的說是靠直銷；有的說是靠供應鏈的快速整合。實際上，戴爾贏得市場的根本武器是靠節儉來降低成本。

這就是一個在微利時代，本著節儉的精神鑄造出的輝煌的戴爾。

在市場競爭以及職業競爭日益激烈的今天，節儉已經不僅僅是一種美德，更是一種成功的資本，一種企業的競爭力。節儉的企業，會在市場競爭中遊刃有餘、脫穎而出。節儉是利潤的發動機。只有節儉，企業才能生存。在微利時代，企業只有一種必然的選擇：節儉！

20

成本降 10%，利潤至少增加 20%

開源節流，顧名思義就是：開闢源頭減少流失。對於企業來說，「開源」就是增收——開闢增加收入的途徑；「節流」就是節支——節省不必要的資源消耗與費用支出。

開源節流也就是在開源的過程中節儉資源，杜絕浪費；在節流的過程中，充分發揮資源的作用，提升資源的價值。開源與節流是同時存在、協調發展、並不矛盾且目的一致的兩種行為。做好開源節流的有機結合，才能使企業的效益得到最大程度的提高。

企業為了提高效益，必須堅持「以效益為中心」，緊緊圍繞「增收」和「節支」兩條線，左手抓「增收」，右手抓「節支」，兩手都要硬，才能實現效益的持續增長。

有一種蝮蛇，對能量的積累和消耗遵循開源節流的原則，即平時總是廣開食源，並高效率地吸收營養成分儲藏於體內的能源庫中，而動用時又以最節儉的方式支出。蝮蛇深諳開源節流之道，因而在大雪封山時能夠順利度過寒冬；而老鼠卻因為懶惰和浪費一命嗚呼！

因此，我們每個人在日常生活和工作中都要時刻謹記：開

源節流，就是在控制支出成本的同時，努力去開拓增加收入的
途徑。

美國許多中了「樂透獎」的人在 5 年內就花光了獎金(一般
不低於 500 萬美元)，還有為數不少的中獎者破產。這說明，賺
足夠多的錢並不能保證一生無憂。不懂得開源節流，即使坐擁
百萬財產，也難以保證長久的高品質生活。

1. 增收，就是想出各種辦法增加產值和收入。

通過認真策劃、制訂切實的營銷方案，拓寬流通管道，增
添新的經營項目，擴大產品銷量及吸引各種新客源量；也可以
通過產品設計、增加文化附加值、提升品牌形象、新發明新創
造等途徑，提高產品的競爭力，從而增加企業的銷售收入，創
造更大的利潤。

**2. 節支，就是減少經營過程中的費用，把費用率降到最低
水準。**

可以通過削減採購成本、控制辦公費用、利用高技術設備
提高生產率、精減管理機構、降低差旅經費等措施，向成本和
管理要效益。

國內一家知名家電企業新近推出的《節儉手冊》規定：辦
公紙必須兩面用；鉛筆用到 3 釐米才能以舊換新；大頭針、曲
別針、橡皮筋統一回收反覆使用；文件只要不是機密的，統一
回收再用反面；員工洗手時，一濕手就應撐住水龍頭，打好肥
皂後再重新撐開沖洗……

開源是增效的途徑，節流是增效的措施。也就是說：企業
開源與節流的和才是最大的企業效益。因此，任何企業在推行
開源節流時，都必須雙管齊下。

企業採用一定的措施方案來降低成本，這同利潤的增加密切相關。降低成本則意味著增加利潤，但兩者並不是同比例變化的，一般情況下，利潤增加的幅度，要比成本降低的幅度大，即成本降低 10%，利潤可能增加 20%甚至更多。

假設 A 產品的售價是 10 元，成本是 9 元，那麼利潤就是 1 元。如果成本降低了 1 元，利潤額則為 2 元。成本降低了 10%，而利潤則增長了 100%。

	降低成本前	降低成本後
銷售額	10	10
成本	9	8
利潤	1	2
利潤率	10%	20%

假設利潤率不變，企業如果要增加成倍利潤，則只能擴大一倍的銷售規模，才能增加一倍的銷售量。但在激烈的市場競爭環境下，要擴大一倍的銷售規模，則企業要增加一倍的人員、設備、管理費用等。

有人認為增加銷售量是增加利潤的主要途徑，這沒有錯，不過這卻需要付出一定的代價。但降低成本卻不需要花錢或花錢很少。例如，現在企業的利潤率是 5%，那麼只要削減 5%的內部成本，利潤額就增加了一倍。所以，對於企業來說，應將增加企業效益的重點放在降低成本的環節上。

良好的成本控制制度是企業增加盈利的根本途徑，無論在什麼情況下，降低成本都可以增加利潤。成本控制能夠抵抗內

外壓力，企業外有同業競爭、政府稅收等不利因素，企業用以抵禦內外壓力的武器主要是降低成本、提高產品質量、創新產品設計和增加產品銷量。

其中，降低成本最重要。降低成本可以提高企業價格競爭能力，可以提高安全邊際率，使企業在經濟萎縮時繼續生存下去；提高售價會增加流轉稅負擔，成本降低了才有力量去提高質量、創新設計。把成本控制在同類企業的先進水準上，才有迅速發展的基礎。

心得欄

21

開源節流，點滴做起

　　俗話說「聚沙成塔，集腋成裘」，開源節流應該從身邊日常的小事做起，注意節儉一滴水、一度電、一滴油。美國《財富》500 強的龍頭老大沃爾瑪，幾十年如一日地恪守自己的經營法則，堅持開源節流，將利潤一點一點累計起來，才終於登上全球 500 強之首的寶座。

　　經常見到這樣的現象：屋外豔陽高照，辦公室內卻燈光明亮；人離開了辦公室，冷氣機卻依舊送著涼風；員工下班走了，電腦卻整夜開著；這邊打著香皂洗手，那邊水龍頭嘩嘩不止；公司發的筆用到一半就當成垃圾丟棄，領用的筆記本每頁只寫了幾個字就另轉一頁……

　　能源是有限的，該如何做到節儉能源呢？一句話，就是：從我做起，從日常小事做起！

　　我們要倡導「綠色辦公」，甚至非常細化——比如，夏季辦公樓冷氣機溫度設置於 27℃ 至 28℃，減少電腦、飲水機、影印機等辦公設備的待機能耗，採購節能產品和設備等。

　　據統計，將冷氣機溫度設置於 27℃ 至 28℃ 時，冷氣機溫度每升高一度，則可降低耗電量 8%；而一台電腦或印表機一晚

上待機 10 小時，可造成待機耗電 0.1 千瓦時，全年將因此耗電 36.5 千瓦時，按照國內辦公設備保有量電腦 1600 萬台、印表機 1984 萬台測算，若及時關閉電源減少待機，則每年可節電 12.775 億千瓦時，相當於一個大型企業一年的用電量。

假如我們每個人都能從自己身邊的點點滴滴做起，勤拔電源插座，提高一度冷氣機溫度，珍惜每一度電，節儉每一滴水，則用電用水的緊張狀況將能得到大大地緩解。

節省一度電，減少一分污染，不僅能節儉能源，而且是環保的一項重要舉措。因為生產能源會產生污染源。溫室效應、酸雨現象都是大氣污染的結果，這種結果直接危及著人類生存的搖籃。

另外，養成好的用水習慣，也可以省水。例如，不用抽水馬桶沖煙頭和碎細廢物；不為了接一杯涼水而白白放掉許多水；在廁所的水箱裏豎放一塊磚頭或一隻裝滿水的大可樂瓶，以減少每一次的沖水量等等。

作為一名公司的普通員工，為公司節儉開支，增加利潤，工作過程中關注身邊那些不起眼的小事，比如：隨手關燈，隨時關掉不用電器，隨手擰上水龍頭，隨手關掉電腦、印表機、冷氣機、飲水機……舉手之勞，卻體現了一個人的素質和公德意識。

A 橡膠塑膠機械公司包裝組的工人們將開源節流落實到日常小事中，一年來為公司節儉包裝材料費用近 5 萬元。他們對過去配套件拆箱後的包裝材料未被利用感到心痛，利用工作空隙從配套件的包裝箱上折下木方、膠合板、角鐵等部件歸類整理，一年來共回收木方、木板近 50 立方，膠合板 200 多張，螺

杆、角鐵1噸多。

他們將材料重新利用，製作成新的包裝箱，包裝發往國內近距離用戶的產品。這既杜絕了浪費，降低了生產成本，也有助於公司產品競爭力的提高。回收舊料看似小事一樁，時間長了，積累多了，也像滾雪球一樣越滾越大。

降低成本的計劃能在多大程度上取得成功，應取決於每個人把降低成本作為自己份內職責的程度。鼓勵職工介入和參加降低成本工作，並鼓勵互相交流。如果企業內每一個員工都對降低成本負責，那麼開源節流才能真正落到實處。

「九層之台，起於壘土」。每個員工都應該樹立「節儉資源，人人有責」的觀念，養成處處注意節儉、事事考慮勤儉的好習慣。從自己做起，從身邊的每一件小事做起，節儉一度電、一顆螺絲、一團綿紗等，讓節儉成為一種自覺行為，從而避免和減少一切損失和浪費。

心得欄 ----------------------------------

22

粗放式管理難以適應微利時代

粗放式管理，很容易滿足於「差不多」的管理，缺乏節儉的意識。

他們總認為在市場發育的早期，只要利潤空間很大，只要夠膽大，有想法，就可以贏利，不需要在節儉上下工夫。而事實上，粗放式管理的這種「差不多」的管理，是一種非常不準確、不科學的管理。很多企業領導張口就是企業將實現兩位數的增長，但實際上卻沒有任何有說服力的依據。這種「差不多」的管理在措辭中往往帶有差不多、大概等字樣。

這樣的管理實際上是一種短暫的管理，企業事先並沒有進行足夠的長期規劃，企業政策往往是朝令夕改，不穩定性極大，抗風險能力低下。

所以，在企業中，粗放式管理像舞台上的莽漢一樣，註定要失敗。

在防腐、防彈、防火產品開發生產領域久負盛名的永威防火板廠，於 20 世紀 90 年代末開始生產防火貼面板。當時，僅有 20 多條防火貼面板生產線，產品利潤高達 25%。然而，由於永威防火板廠採用粗放式管理，購買的機器和鋼板等的價格遠

高於同期市場價格，且生產中的跑、冒、滴、漏等浪費現象非常嚴重，產品合格率僅為 80%。同類企業生產 240 張防火板需 90 分鐘，該廠竟需 150 分鐘。到 2002 年 6 月，該廠已累計虧損 800 萬元。與此同時，防火板廠猛增，國內防火貼面板生產線已由幾年前的 20 多條猛增至 120 條，每張貼面板的利潤也從 20 多元銳減至 2 元。

可見，粗放式的管理已經難以適應微利時代的競爭，只有實行精細化管理，才能應對時代的挑戰。產品微薄的利潤已成為現實，他們認識到只有在管理上改進，才能在微利時代賺錢。於是永威調整了領導班子，為企業帶來了新的管理理念和新技術，逐步向精細化管理轉變。

他們從堵塞跑、冒、滴、漏抓起，要求原材料直接從產地進貨，年減少支出 500 多萬元；招標購進設備，僅鋼板一項年節支 150 多萬元；實行效益工資制，產量、質量與工廠主任、工人的收入掛鈎，使產品合格率由 80% 提高到 98%；實行款到提貨，使資金回收率由過去的 7% 提高到 100%；推出用料考核制度，噸紙出板量提高 10%。

永威防火板廠從節儉一點兒料、一張紙做起，從設備利用最大化抓起，實現增收節支。過去該廠裏隨處可見丟棄的材料，如今工廠清潔，再也沒有隨便丟棄的現象出現；技術人員經過攻關，對四個工廠的面紙進膠機進行改進，使進紙速度提高了 39%；變自然冷卻為強制冷卻，使一個生產週期時間縮短為一個半小時。2004 年 12 月，該廠投資 1200 萬元新上第四條阻燃裝飾板生產線，使生產形成了規模。預計當年即可實現利稅 1500 萬元。

　　隨著經濟的發展、社會產品的極大豐富和人民生活水準的提高，人們對生活質量的要求越來越高，對產品和服務質量的要求也越來越高。在市場競爭日趨激烈的今天，產品或服務日趨同質化已經是企業必須面對的難題。同時，面對 WTO 帶來的全球性的競爭，粗放式管理的競爭力越來越小。

　　企業和企業之間在產品、技術、成本、設備等方面的同質化越來越強，差異性越來越小，從某種層面上而言，市場競爭越來越表現爲成本上的競爭。

　　所以，爲了提高自己企業的競爭力，放棄粗放經營，進行精準管理，已經是大勢所趨。科龍公司成功的例子，給我們證明了這條路的可行性。

　　所以，企業作爲營利性的經濟組織，在算經濟賬的時候要算「長賬」，不能算「短賬」。粗放式管理可能短期內利潤增長較快，但形成思維定勢和運作慣性後很難扭轉。這樣轉型到精細化管理的過程會有反覆和痛苦，甚至不能成功。但如果通過努力不懈的推行，排除內外阻力，建立起精準管理體制後，就有了持久的競爭力，往後的發展會相當順暢，企業的競爭優勢和長遠的發展實力就提升到一個嶄新的層次上了。

　　對比粗放經營和精細化管理，不難得出這樣的結論：粗放式管理已經毫無競爭力。所以還在實行粗放式管理的企業，要儘快轉型到精細化管理的軌道上。

23

成本控制需要全體員工的共同努力

‥‥‥‥‥‥‥‥‥‥‥‥‥‥‥‥‥‥‥‥‥‥‥‥

　　成本控制需要全體員工的共同努力，每個員工都要具有成本意識，做好成本核算，做到勤儉節儉，精打細算，追求效益，控制浪費。

　　一個企業如同一個家庭，吃不窮、喝不窮、算計不到就受窮。節儉管理對企業最大的貢獻在於成本控制，一個實行節儉的企業，一般都能夠把成本控制到最優，因為節儉能夠降低不必要的損耗，把可以省的錢都省下來，將每一分錢用到該花的地方。

　　美國管理大師彼得・德魯克在《新現實》一書中對成本有一句非常精闢的話，他說：「在企業內部，只有成本。」

　　「成本」是企業利潤的核心問題。

　　美國的希爾頓飯店長期以來贏利的一個重要秘密，就是善於控制飯店的經營成本。在希爾頓飯店裏，飯店各部門的服務、贏利可以自行安排，實行權力下放，充分發揮每位工作人員、服務人員的積極性、知識和技能專長，以利於飯店的經營管理。但是，飯店每天、每週、每月的成本費用必須嚴格控制。

　　凡是希爾頓飯店的經理必須準確地知道，明天需要多少位

客房服務、中廳雜役員、電梯服務員、廚師和餐廳服務員；飯店所需要的一切用品，根據預測和需要，需採購多少。還有，每天用電、用水量都要進入電腦進行成本核算。

希爾頓先生強調，成本費用、財會審批手續要絕對集中，權限不能下放。一切大的費用項目，如客房、餐廳用品、電視機、火柴、燈泡、肥皂、毛巾、床單、餐巾、餐桌和台布等都要經過洛杉磯的希爾頓飯店聯號總部的中央採購部或紐約和芝加哥的分部審批方能採購。希爾頓先生認為，控制成本費用本身就是要降低成本消耗，增加利潤。隸屬於希爾頓飯店聯號的飯店，每年的火柴費用是 25 萬美元，需要補充的毛巾、床單、餐巾等每年費用為 300 萬美元，餐桌台布要 200 萬美元，餐廳器皿要 100 萬美元，這是一項很大的費用，必須嚴格控制。

嚴格控制成本費用是希爾頓先生經營管理飯店的一大特點，也是希爾頓飯店立於不敗之地的競爭利器。

通過成本控制獲得巨大成功的企業，無一不是得益於對於細節的關注和追求，把成本工作的每一個環節都進行細節處理。

企業管理的一個根本任務，就是不斷降低成本。成本是市場競爭成敗和能否取得經濟效益的關鍵，是企業提高競爭能力的核心所在。因此要繼續推行目標成本管理，全面實施成本控制，將成本控制從「事後控制」轉向「現場控制」和「事前控制」。對任何企業而言，做好成本管理工作，都是一個重要的工作。沒有低成本，就難以參與市場競爭。單純地提價來消化成本，在微利時代往往是不可行的，風險也比較大。努力降低成本是我們的最佳選擇。

　　在福特汽車公司的一個工廠裏有一道工序是印模操作，在這道工序中，有 6 英寸的圓鐵片被切掉，然後扔進了碎屑中。垃圾工每天都要清掃出很多這樣的廢料，工人們覺得很心疼。後來他們想出辦法把它當成圓盤使用，發現這種鐵片的大小和形狀正好適合做散熱器罩，但是這種鐵片不夠厚，於是他們把鐵片的厚度增加一倍，結果發現這樣製作的罩子比用一塊鐵片製作出來的要更硬些。這樣公司每天就可以得到 15 萬隻這樣的盤子。通過廢物利用就不用購買新的盤子，每隻能節儉 10 美元。

　　福特公司需要大量的煤。那些焦炭從焦炭爐裏通過機械傳送裝置送到高爐裏。低揮發性氣體被從高爐裏送往電廠的鍋爐中，這些氣體和鋸屑、刨木花一起燃燒。鋸屑和刨木花是從車體廠送來的，另外那些焦爐煙氣，即煉焦時的灰塵，也被當作燃料了。這樣蒸汽電站便完全是用廢物作燃料。焦炭爐的另一種副產品是煤氣。這些煤氣可用做熱處理，即用於搪瓷爐等地方，從而不必再去買煤氣。

　　阿摩尼亞硫酸鹽可用來製作肥料。苯可以用作汽車燃料。焦炭的碎末不適合高爐用，便賣給工人，以比市場價低得多的價格送到他們家裏。

　　不光如此，福特還從很多方面進行節儉，運輸、發電、煤氣、鑄造成本等。福特的原則是，從節儉每一分錢做起。因為這裏攢一分那裏攢一分，一年就能湊成一筆大數目。

　　有很多企業一直都在講降低成本，可到頭來，好像並沒有降低多少。原因就在於，有些員工總認爲節省這一點兒不會改變什麼。可事實上，正是這點點滴滴、一分一分才構成了企業降低成本的基礎。

24

開源與節流，企業發展的兩條腿

··

開源與節流就是企業發展的兩條腿，支撐著企業向前發展。每一名員工都應該把企業開源與節流當成自己的本職工作，自覺落實到手頭的工作中來。

開源節流，顧名思義就是：開闢源頭減少流失。對於企業來說，「開源」就是增收——開闢增加收入的途徑；「節流」就是節支——節省不必要的資源消耗與費用支出。

開源節流也就是在開源的過程中節儉資源，杜絕浪費；在節流的過程中，充分發揮資源的作用，提升資源的價值。開源與節流是同時存在、協調發展、並不矛盾且目的一致的兩種行為。做好開源節流的有機結合，才能使企業效益得到最大限度的提高。

開源是增效的途徑，節流是增效的措施。也就是說，企業開源與節流之和才是最大的企業效益。因此，任何企業在推行開源節流時，都必須雙管齊下。

張先生是一個很普通的工人，他在一家工廠兢兢業業地工作了四年。始終工作在生產第一線的他，總是默默無聞、任勞任怨地在自己的崗位上奮鬥著。

　　張先生做的是調漆的工作。機器都是用手工來清洗的。他每天都熟練地用稀釋劑來清洗生產線上的機器，對他來說這是得心應手的工作。在做完自己的本職工作後，他還會主動去幫助其他員工，協助他們更好地完成工作。

　　清洗的工作做久了，張先生發現稀釋劑其實還可以再利用。他和工廠另一名調漆工人把每條生產線洗機後的廢稀釋劑集中收集在容器內，讓其自然沉澱。通過一段時間的沉澱，再過濾清除裏面的雜質，把這些廢稀釋劑用來再次洗機，可以達到「廢物利用、節儉成本、降低消耗」的效果。這樣下來，一年可以回收利用的廢稀釋劑有兩噸左右，為公司節儉了可觀的資金。

　　張先生這種不為名、不為利、自覺節儉每一滴稀釋劑，勤儉辦企業的精神得到了公司的一致好評。作為一名最普通的員工，卻擁有強烈的節流意識，他正是通過節流為公司創造了財富。

　　開源節流不是活動，而是一項永久性的工作。只有把「開源節流、挖潛增效」作爲一項長期的工作來做，才能取得真正的成績。

　　某橡膠塑膠機械公司包裝組的工人們將開源節流落實到日常小事中，一年來爲公司節儉包裝材料費用近5萬元。他們對過去配套件拆箱後的包裝材料未被利用感到心痛，利用工作空隙從配套件的包裝箱拆下木方、膠合板、角鐵等部件歸類整理，一年來共回收木方、木板近50立方，膠合板200多張，螺杆、角鐵1噸多。

　　他們將材料重新利用，製作成新的包裝箱，包裝發往國內

近距離用戶的產品。這既杜絕了浪費，降低了生產成本，也有助於公司產品競爭力的提高。回收舊材料看似小事一椿，時間長了，積累多了，也像滾雪球一樣越滾越大。

降低成本的計劃能在多大程度上取得成功，應取決於每個人把降低成本作爲自己分內職責的程度。如果企業內每一個員工都對降低成本負責，那麼開源節流才能真正落到實處。

企業開源加上節流的總和才是最大的企業效益。做到開源就能夠找到更多的財富的門路，做到了節流就能夠節儉手裏已有的財富，企業的財富也就是這樣慢慢地積累出來的。被積累下來的財富，又能爲企業提供一個資金平台。如果企業有了這個平台，就更容易得到發展，也就更能夠爲他的員工提供更多、更好的機會。

開源節流是企業創造財富的起點，也是員工創造工人發展機會的起點。開源節流是贏利的有效途徑，全體員工都要提高這種意識，要做到多生產、少浪費，不斷提高資源憂患意識和節儉意識，使開源節流的精神貫穿於我們每個人的心中。

一個公司要產生利潤，就必須依仗開源和節流。所謂開源，就是爲公司賺錢；所謂節流，就是爲公司節儉、爲公司省錢。爲公司賺錢是每個員工義不容辭的責任，一個優秀員工，只懂得爲公司賺錢是遠遠不夠的，還要更懂得爲公司省錢，因爲爲公司省錢實際上也是爲公司賺錢。

許多員工都有這樣的觀點，「節儉」是對小公司，或者效益不好的企業來說的，規模較大、效益較好的企業，用不著「斤斤計較」。還有些員工認爲自己爲企業賺了不少錢，自己大手大腳點、浪費點也沒什麼關係。於是，我們看到，一些經營紅火

的公司掩蓋了鋪張浪費的現實,繁華的背後隱藏著衰敗的危機。

李先生在一家連鎖超市擔任店長。剛到公司時,總經理非常器重他,不久就委以重任,派他負責一個店面的管理工作。李先生不負眾望,經過一年多的努力,就把手中的連鎖超市分店經營得有聲有色。為了推廣李先生的管理經驗,老闆親自帶其他店長前來「取經」。

開始,老闆聽著李先生的介紹,不住地點頭,然而很快就收斂了笑容,因為一些細節引起了他的不滿:

一個店員記錄東西時,隨手從抽雁取出一張 A4 打印紙,只寫了幾個字,就把這張紙扔進了垃圾桶,而桌子的旁邊,就是成迭的便箋紙。在一間辦公室,光線非常充足,根本不用開燈,但是所有的燈都亮著;而且,打開一半的窗子旁邊,是一直運行著的冷氣機……

看到這些,老闆很生氣,當面責怪李先生不懂得節儉,太浪費了。突如其來的批評,讓李先生心裏很不是滋味。他認為,自己管理的超市效益良好,為公司創造了最大的利潤,總經理因為這些雞毛蒜皮的「小事」責難自己,太不應該了。

事後,老闆再次找到李先生,曉之以情,動之以理:「我知道你是一個出色的人,這些年也為超市賺了錢,但我們還有必要做好節儉。作為管理者應該自我約束,養成節儉的習慣,並管理好下屬。」最後,李先生終於信服了。

作為員工,老闆花錢僱用了我們,一方面我們要為公司賺錢,不讓老闆的銀子白花;另一方面,我們時時刻刻、隨時隨地都要為企業為老闆精打細算,使老闆花最少的錢辦最多的事。如果你每天都在為老闆多掙錢、少花錢,老闆會虧待你嗎?

如果你想在競爭激烈的職場中有所發展，成為老闆器重的優秀員工，就必須牢記：在為公司賺錢的同時，還要懂得為公司省錢。

心得欄 _____
_____
_____
_____
_____

25

每個員工都要有成本意識

在日常生活中，幾乎每個人都是有成本意識的，就算是到菜市場買菜，也常常會討價還價，因為這是需要自己付錢的。但在企業裏，因為不是關係到切身利益，所以很多員工忽視了成本的控制，從而造成浪費，增加了企業的支出。

P 公司是一家減價會員店，他們的理念就是不斷削減成本。減價會員店削減了中間商、售貨員和多餘的包裝處理。實際上，它就是一個大貨倉。顧客自助購買大批量貨物，從而得到巨大的折扣。這種方法很有效，店鋪與顧客、供應商形成一個多贏局面。

減價會員店減少包裝，使供應商少了許多麻煩，因而大大降低了價格。如果供應商拒絕，就不購進其貨物。因此，顧客在購買過程中始終有一種發現的喜悅。可能需要的並不總是有貨，不過一旦有貨，就非常划算。這種方式運作良好，使減價會員店根本沒有存貨費用。商品如果沒有接著訂貨，一般幾個星期就銷售一空。

減價會員店在進駐一個城鎮的同時開始銷售會員卡，因而這筆資金可以先用來支付會員店的建設費用。更有甚者，直到

公司將早期投資 2500 美元的人們都變成億萬富翁之後的今天，公司的年報依然是用一般影印機做出來的。總經理在辦公室還保留著他學生時期用的書架：用磚頭架著兩塊木板。

這個案例告訴我們：任何降低成本的措施都非常重要，只有將成本降到最低，出售的產品才最具有競爭力。因此，每一個企業都應該培養全員成本意識，每位職員都應該擁有清楚的「成本意識」概念，包括降低經手的各項材料成本、人工成本、製造費用、營銷費用等。

例如，一輛汽車交給司機接送員工上下班，如果司機本身對成本具有相當敏感度，他自然會注意保養工作，不致猛開快車又猛剎車，形成油料與剎車片的雙重損失。

員工要培養成本意識，首先應該從老闆的角度去思考問題，例如，錢從那裏來？應該怎麼用才能最節省？要讓全體員工意識到成本控制的必要性和合理性，從而相應地在日常工作中時刻牢記成本控制的準則，在工作過程中做出成本控制的決策。

「現代管理學之父」德魯克提出「在企業內部，只有成本可言」，傳統的成本管理只著重於企業內部的產品生產製造過程，沒有涉及企業成本發生的全過程。企業員工應提高對「成本」概念的認識，在自己的工作崗位上切實把握好成本的控制，才能達到增強競爭力和擴大市場佔有率的目標，繼而實現企業的預期利潤。

S 公司是一家生產財務軟體的公司，而 F 印刷公司則承印軟體的說明書與文字材料。每次 S 公司在接到緊急訂貨時，總是不斷催促 F 印刷公司放下手中其他工作，專門趕印他們的說

明書。

星期五快下班時，採購員李先生又給 F 印刷公司的業務代表劉小姐打電話了：「請你們加急印刷，我們星期一就要提貨。」劉小姐說：「如果你們能提前一週通知我們，我們就能為你們節省一半的費用。」

而李先生回答道：「你不明白，你們那點油墨紙張的印刷費用每套的成本只有 8 元而已，而我們的一套軟體產品要賣到 500 元以上。現在我們的客戶正等著我們交貨，8 元算不了什麼，我們可不能為了節省區區 4 元而多等一天。我們現在就要！」

結果，F 公司的裝訂工廠整個週末都在加班，保證了週一按時交貨。s 公司支付了雙倍的價錢還非常滿意，但是劉小姐還是想繼續說服客戶。很多企業都會對她的建議置若罔聞，他們寧願多花錢，寧願這樣錯下去。

劉小姐對李先生說：「你們確實是在掙大錢，但是我們每月交付給你們的印刷品平均收費為 12000 元。你只要每週一花五分鐘時間，估計一下今後一、兩週的需求量，我就能每月為你省下 6000 元的加急費用。」

如果李先生有成本意識，那麼在他的工作崗位上每個月就可以為企業節省 6000 元，一年就可以為企業節省 72000 元，倘若企業裏有 100 個像李先生這樣的員工，而這些員工都培養了成本意識，該企業單純節省的成本就高達 720 萬元。

因此，每位員工都應該培養成本意識，發揚艱苦奮鬥、勤儉節儉的優良傳統，嚴禁鋪張浪費、奢侈揮霍。盡自己的能力為企業增收節支，確保把錢花到實處，用在刀刃上。

26

節儉才是企業與員工的共同選擇

企業與員工本身就是一個共生體，企業的成長，要依靠員工的成長來實現；員工的成長，又要依靠企業這個平台；企業興員工興，企業衰員工衰。的確，企業與員工本身就是利益上的共同體，只有企業獲利，員工才會最終獲利，如果你作為企業的一名員工，一面在為公司工作，一面在打著個人的小算盤，你怎麼可能讓公司贏利呢？你的利益又從何而來呢？

現在很多企業仍然存在這樣一個誤區，一些員工總是認為錢是企業的，浪費的是企業的資源，和自己沒有多大的關係，何必為企業節儉呢？他們對於節儉總是抱著一種無所謂的態度，平時在工作當中也總是大手大腳，隨意地浪費原料、辦公用品等，嚴重損害了企業的利益，同時也造成了極大的浪費。

這種現象的存在，一方面說明這些員工缺乏責任感，同時也從另一方面說明，這些員工並沒有真正地理解節儉對於自己的重要意義。

事實上，單純從企業和員工的利益關係來說，節儉是企業和員工的雙贏。對於企業來說，節儉可以有效地降低企業的成本，提高企業的利潤，增強企業應對市場變化的能力。提倡節

儉意識，還有助於逐步形成勤儉持家、注重節儉的企業文化，成爲員工的自覺行動。同樣，節儉不僅對於企業有好處，更會惠及員工自身。每一名員工都能夠自覺地爲公司節儉資源，爲企業創造價值和效益，使企業的效益更好，企業就更有能力給予員工相應的回報和鼓勵，員工也能夠得到相應的利益。

所以，爲企業節儉每一分錢是企業對員工的基本要求，也是員工的責任。

在 2003 年度《財富》全球 500 強中，有一個有趣的現象：以營業收入計算，豐田公司排在第 8 位，但是以利潤計算，豐田公司卻排在第 7 位。數據顯示，2003 年豐田公司的利潤總額遠遠超過美國三大汽車公司的利潤總和，也比排在行業第二位的日產汽車的 44.59 億美元高一倍多。豐田公司的驚人利潤從何而來？

豐田公司的利潤，很大一部份是由公司員工自覺節儉省下來的。豐田公司的屬行節儉是全球有名的。舉個簡單的例子。

豐田公司的員工很在意組裝流水線上的零件與操作工人之間的距離。如果這一距離不合適，取件就需要來回走動，這種走動就是一種時間浪費，要堅決避免。另外，豐田公司還有一個特別的地方：整個流水線上有一根繩子連動著，任何一個員工一旦發現「流」過來的零件存在瑕疵就會拉動繩子，讓整個流水線停下來，並將這個零件修復，絕不讓它進入下一個工序。

在豐田公司，有這樣一個故事：一名設計師在設計汽車門把手時發現，原來的汽車門把手零件過多，這樣就會增加採購成本。於是他利用晚上的時間對門把手進行了重新設計，結果

把門把手的零件從 34 個減少到 5 個，這樣一來，採購成本節儉了 40%，安裝時間也節儉了 75%。

當然，員工的利益也因為豐田公司利潤的增長不斷增加，這兩者之間是成正比的。節儉給豐田的員工帶來了切實的好處，豐田的員工也就會自覺自願地為公司省錢，最後二者實現雙贏。

所以，節儉不僅僅是管理者一個人的事情，企業裏每一個人的行為都會對企業的整體水準產生影響，也就是說，企業的每一名員工都應樹立節儉的意識，讓節儉成為企業文化的一部份。

節儉是企業與員工的共同選擇，每一名員工都應該以節儉為榮，杜絕一切浪費，並將節儉轉化為自覺行動。這樣企業與員工才能共同得到發展。

心得欄 -----------------------------

27

節儉讓企業渡過淡季

‥‥‥‥‥‥‥‥‥‥‥‥‥‥‥‥‥‥‥‥‥‥

在當今時代，市場競爭異常殘酷，尤其是在市場淡季裏是如此。要想在市場淡季裏構築競爭的優勢，只有依靠企業的節儉，因爲只有節儉才會讓企業淡季不淡。

20 世紀 90 年代以來，美國航空業處於一片慘澹經營的愁雲中，成立於 1968 年的美國西南航空公司卻連年贏利。1992年美國航空業虧損 30 億美元，西南航空公司卻贏利 9100 萬美元。2001 年美國航空業總虧損為 110 億美元，2002 年上半年美國航空公司虧損 50 億美元；2001 年和 2002 年上半年世界最大航空公司美洲航空公司分別虧損 18 億美元和 10 億美元；2002年美國聯合航空公司申請破產保護。在市場一片蕭條的情況下美國西南航空公司的所有飛機卻正常運營，全部職員正常工作，財務上持續贏利，現金週轉狀況良好，被人們喻為「愁雲慘澹中的奇葩」。

美國西南航空公司為何取得如此驕人的業績？西南航空公司能夠異軍突起，秘訣在於公司對成本的節儉。在美國國內航空市場上，西南航空公司的成本比那些以「大」著稱的航空公司都低很多。究其原因是多方面的，但最主要的原因是節儉。

為了節儉成本，西南航空公司擁有的 400 多架飛機，全部都是波音 737，這種機型是最省油的，運營過程中可以節儉燃油成本。還有一點，公司的所有飛機機型都一樣，這樣可以實施較大批量的採購，增強了採購過程中討價還價的能力，較高的採購折扣率降低了飛機的採購價格。這樣就控制了飛機的原始成本。

西南航空公司還大力減少中間環節，節儉開支。他們通過流程變革，減少公司對代理商支付費用，杜絕將中間環節的費用轉嫁給消費者，「將折扣和優惠直接讓給終端消費者」。他們採用通過電話或網路訂票，以信用卡方式支付，不通過旅行社售票，儘量消除代理機構，減少和取消代理商售票，避免代理環節的費用開支；不提供送票上門服務。這樣既降低了公司的成本，又給顧客帶來了利益。訂票過程的優化設計極大地降低了西南航空公司的經營成本。

為了最大限度地節儉成本，西南航空公司甚至連機票的費用都給省下來了。該公司根據乘客到達機場時間的先後，在乘客到達機場服務台報出自己的姓名後，給乘客打出不同顏色的卡片，顧客根據顏色不同依次登機，然後在飛機上自選座位。這種設計既降低了機票製作成本，又提高了乘客登機的效率，減少了飛機在機場的滯留時間，有效地控制了公司租用機場的費用。

西南航空公司提倡「為顧客提供基本服務」的經營理念，飛機上不設頭等艙，間接地降低了公司的經營成本。不僅如此，由於取消餐飲服務，機艙內衛生比較乾淨，飛機著陸後的清潔時間減少 15 分鐘，這樣減少了飛機在停機坪的停留時間，增加

了飛行時間。

　　此外，由於飛機上取消餐飲服務，只為顧客提供花生米和飲料，騰出了飛機上為此項服務佔用的空間，為此飛機上又可以增加 6 個座位，這樣也間接地降低了公司的運營成本。

　　由於飛機飛行過程中的一些改革，西南航空將服務人員從標準的 4 人減少了 2 人，人員的減少對成本降低的作用也是十分明顯的。

　　美國西南航空公司正是從方方面面來進行節儉，從而大大降低了運營成本，最終得以被稱為「愁雲慘澹中的奇葩」。

　　市場上沒有永遠的強者，也沒有永遠的淡季，只有腳踏實地，做好自己的事情，找到從降低成本到營銷戰略的正確道路，才能夠成為市場競爭中的勝利者。

心得欄

- -

- -

- -

- -

- -

- -

28

讓節儉成為我們的日常習慣

每一名員工，都要在工作和生活中提高成本意識，養成為公司節儉每一分錢的習慣。節儉實際上也是為公司賺錢。

無論公司是大是小，是富是窮，使用公物都要節省節儉，員工出差辦事，也絕對不能鋪張浪費。節儉一分錢，等於為公司賺了一分錢。就像佛蘭克林說的：「注意小筆開支，小漏洞也能使大船沉沒。」所以不該浪費的一分也不能浪費。

而事實上，一個具有成本意識、處處維護公司利益的人才是老闆願意接受的人。

小張和小李都是剛剛畢業的大學生，兩個人無論從知識的扎實程度，還是頭腦的靈活運用能力來說都同樣出色。他倆同時被一家很有實力的公司招了進去。

上班的第一天，經理把他們叫到了辦公室，很鄭重地對他倆說：「其實公司內部只缺一個人，主要是你們兩個都非常優秀，所以招了你們兩個，我們很難取捨。公司將在三個月的試用期結束後，宣佈誰能留下。但如果你們都令公司滿意的話，也有可能把你們兩個都留下。希望你們在這三個月裏，發揮各自的優勢，好好表現！」

這無疑給小張和小李擰緊了發條，他們都暗下決心：一定要做得比對方更出色。

三個月來，這兩個初出茅廬的小夥子暗中較上了勁。同樣是意氣風發，學有所長，他倆用各自的方式表現著自己，誰也沒有輸給誰半分。

經理也十分欣賞他們，似乎一切都表明公司會破例把兩人都留下。

但是試用期的最後一天，小張的厄運還是來了。經理很遺憾地向他宣佈他被解僱了。經理告訴他，其實他的工作一直很出色，只是他對待公司資源的態度表明，他不太適合在公司發展。

事情原來是這樣的，上個星期六的晚上，小張去了同學那兒，為同學慶祝生日，由於晚了就沒有回公司宿舍。第二天回來後，小張直奔公司的辦公樓，路上碰到了小李。小李問他昨晚去那了，還提醒他宿舍的燈亮了一個晚上，讓他回去關。小張滿不在乎地說:「麻煩死了，反正不用我交電費，不回去關了。」此話剛剛出口，經理便從他們旁邊走了過去。

小黃對公司資源沒有節儉意識造成了他被解僱的下場。

很自然，小李被公司留下了。

只有具有節儉成本的意識，懂得為公司節儉的人，將來才能為公司賺錢。

在很多企業中，有這樣一種現象，許多員工在工作中沒有節儉意識，總是隨便浪費公司的紙張、筆等辦公用品。這無形中造成了企業資源的浪費，公司的收益自然也不會提高。

有這樣一家貿易公司，主營業務是小商品批發，儘管表面生意興隆，但年終結算時總是要麼小虧，要麼小贏，年復一年地空忙碌。幾年下來，不但公司規模沒有擴大，資金也開始緊張起來。眼看競爭對手的生意蒸蒸日上，分店一家一家地開張，公司老闆張某決定向朋友求教取經。

待朋友把一筆筆生意報出後，這個老闆更納悶了：兩家交易總量並沒有太大的差距，為什麼收益相差卻這麼大呢？

看著目瞪口呆的張某，朋友道出了其中的原委。

原來，在公司員工的共同努力下，這家公司對商品流通的每一個環節都實行了嚴格的成本控制。比如：

聯合其他公司一起運輸貨物，將剩餘的運力轉化為公司的額外收益，幾年下來，托運費就賺了將近 60 萬元；

採購人員採購貨物時嚴格以市場需求為標準，使存貨率降至同行最低，每年大約節儉貨物貯存費 5 萬元，累積下來將近 20 萬元；與供應商簽訂包裝回收合約，對於可以重覆利用的包裝用品，待積攢到一定數量後利用公司進貨的車輛運回廠家，廠家以一定的價格回收再用，這項收入大約為每年 2 萬元；

為出差人員制定嚴格的報銷標準與報銷制度，儘管標準比別家略低，但公司規定可以在票據不全的情況下按標準全額支付差旅費，該項措施每年為公司節儉大約 5 萬元。

在嚴格的成本控制下，不但公司節儉了可見的資金，也培養了公司員工的成本意識，倡導節儉、反對浪費已經蔚然成風……

所以，對任何一個企業來說，數量龐大的支出都需要每一位員工在每一筆很小的支出上進行節儉，由此產生的效益就因

其規模而顯現出來。也許每一名員工節儉的錢會顯得微不足道，但對於一個企業來說，積累起來將是一筆數目不小的收益。

　　因此，作爲企業的一名員工要積極主動養成爲公司節儉每一分錢的習慣，不要浪費公司的每一分錢，只有這樣才能夠使企業贏利，才能使自己得到一個更大的發展空間。

心得欄

29

幫公司節儉，才能為自己謀福利

....

　　作爲一名員工，如果你能夠幫公司節儉資源，那麼公司一定會按比例給你報酬。也許你的報酬不會很快兌現，但是它一定會來，只不過表現的方式不同而已。當你養成習慣，將公司的資產像自己的財產一樣愛護，你的老闆和同事都會看在眼裏。

　　一位海外歸來的博士，回國後在一家公司裏工作。不久，同事們便把她看成辦公室裏的「另類」，因為她從來不用大家都習慣用的一次性紙杯和筷子，總是自備水杯和筷子；她拒絕吃用泡沫塑料飯盒裝的盒飯，總是自備餐具；別人那怕浪費一張紙她也忍受不了，總是刻意地提醒同事要注意節儉，她自己更是經常拿用過一面的紙寫字和列印文件；辦公室裏的電器一旦用不著的時候，都是她主動把它們關掉。

　　同事們認為她根本沒有必要這樣做，畢竟公司的實力還算雄厚，每個月的贏利也很可觀，更何況老總也沒在這方面有更多的要求。

　　可是博士依然我行我素。幾年後，當女博士離開那家公司時，那家公司的辦公作風已經改變了：博士的那一系列原來被同事看成「另類」的行為，現在成了每位員工主動完成的事情。

同事們也真正體會到了博士的可貴之處。

現在，公司的實力更加雄厚了，老總發現了其中的原因，他還時時想起這位給他帶來更多利潤的博士。而那位博士已經是某家公司的總裁了。

每一名員工都應該明白，自己的工資收益完全來自公司的收益，因此，公司的利益就是自己利益的來源。「大河有水小河滿，大河無水小河乾」，說的就是這個道理。因此，幫公司節儉實際上是在為自己謀福利。

喬治到一家鋼鐵公司工作還不滿一個月，就發現許多煉鐵的礦石並未得到充分的冶煉，很多礦石中仍殘留著尚未被煉好的鐵。這種情況如果一直持續下去的話，將會給公司造成很大的損失。為此，他便找到負責技術的工程師反映他所擔心的問題。然而工程師卻十分自信地講道：「我們的冶煉技術絕對堪稱世界一流，你所擔心的問題根本不可能存在。」

無奈之餘，喬治只好拿著未被充分冶煉的礦石去找公司負責人。聽完喬治反映的情況，出於職業的敏感，總工程師嚴肅地說道：「竟然有這種問題，為什麼沒有人向我反映？」

總工程師立即召集負責技術的工程師來到工廠檢查問題，果然發現了很多冶煉並不充分的礦石。公司的總經理瞭解了事情的全部經過之後，不僅獎勵了喬治，還提升他為負責技術監督的工程師。總經理感慨萬分地說：「我們公司並不缺少工程師，可是我們缺少對公司負責、對工作負責、為公司著想的精神，以至於這麼多工程師沒有一個人發現問題，甚至當有人提出了問題，他們還認為不會給公司帶來很大的損失而不願理睬或不以為然。要知道，這些小問題，日積月累就會變成大問

題。當它變成大問題時，給公司帶來的損失將是不可估量的。」

許多員工認為自己只是一個打工者，與公司只是一種僱用與被僱用的關係，甚至有意無意地將自己置於同老闆或上司對立的地位，總是認為公司的一切與自己無關，節儉下來的一切也只是給公司節儉，對自己沒有一點好處。這實在是一種錯誤的認識。雖然工作與取得報酬有直接的關係，但事實並沒有這麼簡單，如果讓這種想法控制你，那麼可以斷言，在你的職業道路上也不會有什麼好的發展。

但如果你能注意節儉公司的財物，那怕只是一張小小的紙片也會給你帶來成功的機會。

一位年輕人到一家大公司應聘。當他走進辦公室時，看到門角有一張白紙，出於習慣，年輕人彎腰撿起白紙並把它交給了前台小姐。結果，在眾多的應聘者中，這位年輕人戰勝了其他條件比他更好的人，成了這家公司的正式員工。公司董事長在給他分配任務時說:「其實門角那張白紙是我們故意放的，那是對所有應聘者的一個考驗，但只有你通過了。只有懂得珍惜公司最細微的財物的員工，才能給公司創造財富。」這位年輕人後來果然為公司創造了巨大的經濟效益。當然在他給公司帶來利潤的同時，也為自己帶來了財富。

任何一家公司，必須依仗開源節流，以此來達到贏利的目的，在崇尚利潤至上的今天，每一名員工都應有一種為公司節儉的意識，只有公司贏利，員工才會贏利。

30

樹立員工的節儉意識，視公司如家

對於企業能否節儉成本，以及將成本節省到何等程度上這一問題，員工肯定有很大的決定權。很多企業雖制定了很好的成本壓縮制度，但沒有得到員工的支持，結果沒能取得成效。所以，要想節儉成本，關鍵是員工要具備節儉的品質。每一名員工要在腦海裏有這樣的意識，視公司如家。

可是，在一些公司裏仍有許多員工認為自己為公司接的每一筆業務可能會有幾十萬或幾百萬的收益，在公司裏浪費一點點是無所謂的。如果公司的每一名員工都有這樣的想法，每一名員工都只浪費一點點，那麼最後累積的數字將是十分驚人的。

一家大型企業的財務經理講述過這樣一個事實。

這家企業為了方便員工和財務部的工作，所有報銷單都採用自動複寫的特殊紙張，每張報銷單 A4 大小，成本為 1.8 元。財務部門一再強調請員工注意這種報銷單的節儉，但是員工在填寫報銷單時，仍然是隨意填寫，填錯了就撕毀，重新取一張來用。

財務部曾經做過一個統計，他們拿出去的報銷單是收回的將近 3 倍，也就是說平均每位員工填寫一張正確的報銷單就浪

費了另外兩張。每位員工平均一個月報銷兩次左右，這樣算下來，每位員工平均每年浪費近百元。

可能單看一個員工還不覺得是成本很高，可是1000多名員工每年因填寫報銷單竟然就浪費了近10萬元！

他們也考慮過將報銷單改為領用制，但是這樣的確不方便員工的工作，如果企業員工為了領張報銷單就要跑上幾層樓，填錯了又要跑幾層樓再次領用，這也的確太不人性化管理了。

這位財務經理痛心疾首地表示，報銷單是基本能夠計算出來浪費了多少的，但是很多其他的費用，譬如紙張、墨水、筆等卻很難精確計算出究竟浪費了多少，如果以這個比例去計算，得出的數字很可能非常驚人。

所以，無論是公司的主管還是公司的一名普通員工，都應馬上樹立自己的節儉意識，要時刻督促自己：「視公司如家。」當你有這種意識後，你慢慢也會從中得到益處，相信你的上級對你同樣也會像對待自己的家人一樣地信任你、重用你。同樣的道理，如果你沒有這種意識，那麼你也得不到上級的信任。

小王和小趙兩個到一家公司應聘，一路過關斬將，進入了復試階段。招聘公司總經理交給小王一項任務，要他去指定的那家商場買一打鉛筆。距離要去的商場只有一站路，總經理建議他乘公交車去。自己買車票，回來報賬。

過了一會兒，總經理好像忘記了一件事，又吩咐小趙去那家商場買一瓶墨水。

他們兩個先後都回來了，在總經理面前報賬。小王除了買鉛筆的錢，來回坐車的錢是2元。而小趙除了買墨水的錢，來回坐車的錢是4元。

　　原來，時值盛夏，天氣酷熱，小王坐的是普通公交車，所以票價是 1 元，而小趙卻坐的是冷氣公交車，上車就要 2 元。所以，小趙的車票錢和小王的車票錢不一樣。

　　在現代社會，一個企業的興衰成敗很大程度取決於員工的節儉意識，如果員工缺乏這種意識，那麼整個企業的命運也就危在旦夕。

　　只有每一名員工都將節儉根植於意識中，樹立「視公司如家」的意識，公司才能在激烈的市場競爭中永遠立於不敗之地，並永遠領先於其他公司。只有公司的每一名員工都能主動去節儉，公司的每一分錢才不會白花，公司的每一分錢才不會浪費，成本才能降到最低，公司也才最具有競爭力。

心得欄

31

敬業是節儉的最佳途徑

敬業是一名員工的必備品質。其實，對於一名員工來說，敬業也是一種節儉，並且是節儉的最佳途徑。

對於節儉來說，首要的任務就是要自動自發，拒絕拖延。當員工做到這一點，那麼他不僅可以為公司節儉時間、節儉物質等，他還能夠為公司創造利潤。

邁克是倫敦一家公司的一名低級職員，他的外號叫「奔跑的鴨子」。因為他總像一隻笨拙的鴨子一樣在辦公室飛來飛去，即使是職位比邁克還低的人，都可以支使邁克去辦事。

後來邁克被調入了銷售部。有一次，公司下達了一項任務：必須完成本年度 500 萬美元的銷售額。

銷售部經理認為這個目標是不可能實現的，私下裏他開始怨天尤人，並認為老闆對他太苛刻。

只有邁克一個人在拼命地工作，離年終還有 1 個月的時候，邁克已經全部完成了他自己的銷售額。但是其他人沒有邁克做得好，他們只完成了目標的 50%。

經理主動提出了辭職，邁克被任命為新的銷售部經理。「奔跑的鴨子」邁克在上任後忘我地工作。他的行為感動了其他人，

在年底的最後一天，他們竟然完成了剩下的 50%。

不久，該公司被另一家公司收購。當新公司的董事長第一天來上班時，他親自點名任命邁克為這家公司的總經理。

因為在雙方商談收購的過程中，這位董事長多次光臨公司。這位「奔跑」的邁克先生給他留下了深刻的印象。

「如果你能自動自發，絕不拖延，總有一天你會學會飛。」

這是邁克傳授給他的新下屬的一句座右銘。

如果邁克沒有敬業精神，也像其他員工一樣有著相同的想法，那麼他肯定不會為公司贏利。當然，所有的光環也不會戴在他的頭上。

敬業就是信守責任，沒有責任感的員工不是好員工，如果員工不能對工作負責，那麼他很難將工作做到完美，也很難使企業用最少的成本換取最大的利益。

有一個剛進入公司的年輕人，自認為水準很高，對待工作漫不經心。有一天，他的上司交給他一項任務——給一家著名的企業做一個廣告宣傳方案。

這個年輕人自以為才高八斗，只花了一天的時間就把這個方案做完了，交給上司。他的上司一看就給否決了，讓他重新起草一份。結果，他又用了兩天時間，重新起草了一份，交給上司。上司過目後。雖然覺得不是特別理想，但還能用，就把它呈送給了老闆。

第二天，老闆把那個年輕人叫進了自己的辦公室，問他：「這是你能做出的最好方案嗎？」年輕人一愣，沒敢作答。老闆把方案推到他面前，年輕人一句話也沒說，拿起方案，返回自己的辦公室，稍微調整了一下情緒，重新把方案修改了一遍，

又呈送給了老闆。老闆依舊還是那句話:「這是你能做出的最好方案嗎？」年輕人心裏還是沒底，不敢做出明確的答覆。於是，老闆讓他回去再仔細斟酌、認真修改。

這一次，他回到辦公室裏，絞盡腦汁，苦思冥想了一週，把方案從頭到尾又修改了一遍交了上去。老闆看著他的眼睛，仍舊是那句話:「這是你能做出的最好方案嗎？」年輕人信心十足地答道「是的,這是我認為最滿意的方案。」老闆看後說:「好！這個方案批准通過。」

一個小小的行為會影響整個企業，作為個人，從他敬業的態度上就可以看出來他是不是可以為這個企業創造價值。有了敬業的態度，才能在工作中積極主動。奮力進取，高度負責，把工作做得盡善盡美。從經濟學的角度看，敬業就是為企業節儉成本，減少開支，創造利潤，所以說敬業是節儉的最佳途徑。每一位有責任感的員工，都應該培養自己的敬業意識，為企業節儉，創造利潤。

心得欄

32

員工要視節儉為己任

　　為企業節儉每一分錢是企業對員工的基本要求，也是員工的責任，要想成為一名優秀的員工更應視節儉為己任。

　　每一名對企業有責任感的員工，都會把企業當成自己的家，會盡最大努力完成自己的每一項工作，把浪費降低到最低限度，小心地使用設備和服務設施，高效率地利用好自己的時間。這樣，不論是開動一台機器，還是進行一次工廠服務，或者是在辦公室打一封信件，他都會最大限度地節儉每一分錢。

　　一家服裝公司要參加一次大型的展會，需要一批宣傳資料。老闆叫來秘書小吳，請她儘快去聯繫印刷廠印製宣傳材料。

　　小吳聽到吩咐後並沒有馬上去執行，而是對老闆說：「上次展會還剩下好多資料，可以用那些嗎？」

　　老闆回答：「你找出來核對一下，看看內容是不是一樣。」

　　小吳便找出資料進行核對。

　　過了一會兒，小吳又找到老闆。

　　「老闆，我核對過了，絕大部份內容都一樣，只有一個電話號碼變了。」

　　「那就去重印吧！」經理回答道。

　　小吳還在想這件事，她一直都覺得可惜，這麼多資料，只因為一個電話號碼的改變就不能用了。重印不僅要花費一大筆錢，還要花費時間。

　　「難道真的沒辦法再用上這些資料嗎？」

　　無意間，她看見了桌上的一份資料。這份資料是老闆開會時用的，因為老闆臨時改變了一個數據，於是她用一個改正紙把數據改了過來。

　　突然，她靈機一動，那些宣傳材料上的電話號碼不也可以用印有新號碼的不乾膠紙改一下嗎？只要貼得整齊，是不會影響美觀的。

　　於是，她馬上到老闆辦公室，向老闆請示。

　　老闆有點不放心，問：「那樣能行嗎？」

　　「我仔細點，不會影響閱讀的。」

　　「好，你去試試吧！」

　　2個小時後，小吳把整理好的材料給經理過目。現在，在原先那個電話號碼上，是一條不乾膠，上面是一個工整的新電話號碼，看起來一點也沒有不協調的感覺。

　　老闆讚揚了小吳一番，並立即開了一個小型會議。在會上，老闆說：「小吳的創意非常妙，雖然節省的錢不多，但是可以看出她已經將節儉當成了自己的責任，主動去想辦法為公司節儉，如果大家都像她那樣視節儉為己任，那麼公司就不愁發展了。」

　　當然，為企業節儉只靠一名員工的力量是不夠的，只有每一名員工都視節儉為己任，才能為企業為公司贏得利潤。不僅如此，員工也會得到相應的回報，因為你的努力早已被老闆看

在眼裏，公司贏利自然就不會虧待你。

小鄭在一家規模不算大，被一些人稱為「工作室」的小公司上班。算上老闆，公司也就10多個人，可是公司裏的員工都非常賣力。老闆是一個和他年紀相仿的中年人，對待下屬一直比較「人性化」，也就是說老闆和每位員工都沒有那種上下級的關係，彼此之間顯得沒有什麼拘束。

公司的員工很注重節儉辦公用品，就以易耗損品——筆的使用為例，公司從來都沒有出現過那種一次性的水筆，取而代之的是圓珠筆，都是那種可以換筆芯的。公司裏如果誰的圓珠筆用完了，便可以到公共的「用品配給區」換筆芯。在小鄭的公司裏，很難見到一隻嶄新的圓珠筆，通常情況下，上場「打仗」的都是那些「傷兵殘將」。

在其餘各個方面，員工都為公司節省了大量的辦公用品，公司因此節省了大量的資金。老闆在每次過節的時候，給大家分發一些福利，過年放假的時候，老闆還會多開出一個月的工資，以此回報員工們的努力和節儉。

每一名員工做的這些似乎都是一些小事，但卻會對一個企業的成敗造成很大的影響。如果企業每一名員工都能這裏節省一點，那裏節省一點，只要有可能就避免浪費，那麼，日積月累，你就會對它們產生的巨大效果而感到驚訝。

33

節儉存在於點點滴滴之間

節儉是一名員工的基本素質，當然節儉並不是說要所有的員工都去考慮如何節省幾千元、幾萬元的大筆資金，這對大多數員工也是不大現實的。對於員工來說，節儉就在於點滴之間。這裏幾元，那裏幾元，如果我們把節儉的觀念用在所有這些小地方，那麼加在一起可以成為很大的數目。

李棟所在的公司是通過銀行卡發工資的。每次到了發工資的日子，會計會按照本月情況，統一把工資打到每個員工的帳戶上。上個月發工資後，李棟就準備把工資從公司給他們辦理的銀行卡轉移到自己的銀行卡上。當他查詢餘額準備轉賬時，發現這個月的工資少了 50 元。「怎麼回事呢？這個月沒有缺勤呀？不會扣了我的全勤獎吧。錢雖然不是很多，但問題還是要弄明白的，不能白白吃這個虧呀！」李棟這樣尋思著。

第二天剛一上班，李棟就找到了會計。會計正在那兒統計賬目，李棟不好意思打擾她，轉身準備離開。會計看到了他，把他叫住了：「李棟找我的吧，是不是為了工資的事呀？」

李棟單刀直入：「你是不是把工資弄錯了，上個月我可是全勤呀，不會把我的全勤獎扣了吧？」

「我一猜你就是為了那 50 塊錢的事。沒弄錯，你的全勤獎算進去了，發工資那天，是經理特意打電話叮囑我，少給你算 50 塊錢的，我也沒細問。」

聽到會計這麼說，李棟心裏的疑問就更多了。

會計突然又說道：「對了，我差點忘了，經理叫你去一趟，他會向你說明原因的。」

老闆一見到李棟，沒等他開口，就拿出了一張打印紙。

李棟接過來一看，原來是他上次請假列印的請假條。「前兩天的確因為有事請了半天假。可是，公司有明文規定，一個月有一天的請假時間，不算在考勤之內的，現在老闆拿出這個來，和扣我的錢又有什麼關係呢？」李棟更加糊塗了……

見李棟一臉茫然，經理終於開口了：「節儉意識，你有沒有？你是因為個人私事請假，為什麼不手寫請假條？用電腦列印是一種浪費。今後要注意，複印紙正反兩面都可以用，除非給外面發東西，對內使用的文件，儘量兩面都用……」

李棟不以為然，一副很不服氣的樣子。不想卻被經理看出來了：「李棟，你是不是在心裏罵我太刻薄了，連張打印紙都這麼斤斤計較？你不要看不起一張小小的打印紙，如果每個人都像你一樣，一個月下來，每個辦公室至少要浪費幾百塊錢的紙，一年下來，整個公司便會浪費上萬元。」

有些員工會認為自己在一個大的企業裏，一個人在降低成本方面是起不了多大作用的。可是這種看法正是錯誤所在。古語說得好「涓涓細流，彙成海洋。」同樣是這個道理，成千上萬的日常微不足道的小節省，彙集起來就會對企業有著不可估量的作用。

日本一家機器製造廠的老闆發現裝配工人在生產過程中，對一些剩餘的小零件總是不太珍惜，常常是隨手丟棄，他多次提醒也不見效。

一天，老闆突然走到工廠裝配區的廠房中間，將一筒硬幣拋向空中，任其灑落在各個角落，然後一言不發地踱回了自己的辦公室。工人們見狀，莫名其妙，一邊紛紛撿拾散落在地上的硬幣，一邊對老闆的古怪行為議論紛紛。

第二天，老闆把裝配工人召集起來開會，發表了他的觀點：「當你們看到有人把錢撒得滿地都是時，表示疑惑，雖然都是硬幣，卻認為太浪費了，所以一一撿起。但平時你們卻習慣把螺帽、螺栓以及其他一些零件丟在地上，從不撿起來。你們是否想過，在通貨膨脹越來越嚴重的今天，這些硬幣其實是越來越不值錢了，而你們所忽視的零件卻一天比一天有價值。」

幾乎所有的員工在聽完老闆的講話後，都翻然醒悟。從那以後，大家都不再亂丟零件了，這一點一滴的節儉也給公司創下了一筆不小的收益。

企業就如同大海，大海也是由一點一滴的水形成的。企業的費用和成本也是如此，這裏節省一點，那裏節省一點，加起來就會成為非常龐大的數目。只有每一名員工都能夠自覺地從點滴進行節儉，企業才能夠最大限度地節儉成本，從而獲得巨大的效益。

「勿以善小而不為，勿以惡小而為之。」每一個企業都有許多細微的小事，這往往也是大家容易忽略的地方。有的員工是不會忽視這些不起眼的小事的，因為他們懂得，大處著眼，小處著手，為公司節儉應當從一點一滴做起。

34

節儉時間是在為自己賺錢

‧‧‧‧‧‧‧‧‧‧‧‧‧‧‧‧‧‧‧‧‧‧‧‧‧‧‧‧‧‧‧

　　每一個成功者都非常珍惜自己的時間。無論是老闆還是打工族，一個做事有計劃的人總是能判斷自己面對的顧客在生意上的價值，如果有很多不必要的廢話，他們都會想出一個收場的辦法。同時，他們也絕對不會在別人的上班時間，去海闊天空地談些與工作無關的話，因為這樣做實際上是在妨礙別人的工作，浪費別人的生命。

　　在美國近代企業界裏，與人接洽生意能以最少時間產生最大效率的人，非金融大王摩根莫屬。為了珍惜時間他招致了許多怨恨。

　　摩根每天上午 9 點 30 分準時進入辦公室，下午 5 點回家。有人對摩根的資本進行了計算後說，他每分鐘的收入是 20 美元，但摩根說好像不止這些。所以，除了與生意上有特別關係的人商談外，他與人談話絕不超過 5 分鐘。

　　通常，摩根總是在一間很大的辦公室裏，與許多員工一起工作，他不是一個人待在房間裏工作。摩根會隨時指揮他手下的員工，讓大家按照他的計劃去行事。員工走進他那間大辦公室，是很容易見到他的，但如果沒有重要的事情，他是絕對不

會歡迎任何人的。

摩根能夠輕易地判斷出一個人來接洽的到底是什麼事。與他談話時，一切轉彎抹角的方法都會失去效力，他能夠立刻判斷出來人的真實意圖。這種卓越的判斷力使摩根節省了許多寶貴的時間。有些人本來就沒有什麼重要事情需要接洽，只是想找個人來聊天，而耗費了工作繁忙的人許多重要的時間。摩根對這種人簡直是恨之入骨。

從摩根的事例中，我們可以悟出一個道理：節儉時間實際上是在爲自己賺錢。

一名員工要高效率地完成工作，就必須善於利用自己的時間。能否對時間進行有效的管理，直接關係到員工工作效率的高低。時間是有限的，不合理地使用時間，計劃再好、目標再高、能力再強，也不會產生好的效果。浪費時間就等於浪費企業的金錢。

沒有什麼比時間重要，也沒有什麼比準時更能節省你自己和他人的時間。然而，在職場中有許多員工因爲不準時而失去了賺錢的機會。

陳先生是一家廣告公司的職員，每天辛辛苦苦在外面招攬廣告業務。一次，在陳先生的再三懇求下，一家高科技公司的經理答應約他在星期一上午 10 點到自己辦公室去，與他面談廣告合作業務。

陳先生星期一去見這個經理的時候，比約定時間晚了 20 分鐘，到達經理辦公室時經理已不在辦公室了。陳先生大爲惱火，埋怨經理不守信用，欺騙自己。

過了幾天，陳先生在外面巧遇經理。經理問他那天爲什麼

不準時來。

陳先生振振有詞地說:「先生! 那天我是 10 點 20 分到的。」

經理馬上提醒他:「但我是約你 10 點來的呀? 」

陳先生心裏並不服氣, 他以狡辯的語氣回答說:「是的, 我知道, 我只遲到 20 分鐘有什麼要緊呢? 你應該等我一下嘛! 」

經理很嚴肅地說:「怎麼無關緊要呢? 你要知道, 準時赴約是極重要的事情。你不能準時, 你已失去你嚮往的那筆廣告業務。因為就在當天下午, 公司又接洽了另一個廣告公司。現在我要告訴你, 你不能認為我的時間不值錢, 以為等一二十分鐘不要緊。老實告訴你, 在那一二十分的時間裏, 我還預約了兩件重要的談判項目呢! 」

陳先生因為浪費時間, 沒有養成準時做事的習慣, 從而失去了已經落入手中的賺錢的機會。

要想為企業、為自己賺更多的錢, 就必須養成守時的習慣, 按時完成任務, 改變對時間漠視的態度。員工應該主動地把握時間、規劃時間、管理時間, 讓有限的時間發揮更大的效用。

一位作家在談到「浪費生命」時說:「如果一個人不爭分奪秒、惜時如金, 那麼他就沒有奉行節儉的生活原則, 也就不會獲得巨大的成功。而任何偉大的人都是爭分奪秒、惜時如金的。」

「浪費時間是生命中最大的錯誤, 也是最具毀滅性的力量。大量的機遇就蘊涵在點點滴滴的時間之中。浪費時間能毀滅一個人的希望和雄心! 它往往是絕望的開始, 也是幸福生活

的扼殺者。年輕生命最偉大的發現就在於時間的價值……明天的財富就寄寓在今天的時間之中。」

　　所以，假如你想成功，就必須認清時間的價值，認真計劃，準時做每一件事。這是每一個人只要肯做就能做到的，也是一個人能夠走向成功的必由之路。如果你連時間都管理不好，那麼，你也就不要再奢望自己能管理好其他的任何事物，更不要奢望金錢源源而來。

心得欄 ----------------------------

35

消滅 10%的浪費，增長 100%的利潤
┅┅┅┅┅┅┅┅┅┅┅┅┅┅┅┅┅┅┅┅┅

　　一般企業在激烈競爭中，能維持 10%的淨利就算不錯了，尤其在不景氣的市場中，要想再成長，更是難上加難。然而，走進許多企業，觸目所及，企業內部存在浪費的現象很多，若能改善這一現狀，企業所得到的便是淨利增長。

　　美國捷藍航空公司的故事或許會給我們一定的啓示。

　　在發生「9·11」恐怖襲擊 3 年後，美國很多大型航空公司依然難以擺脫經營上的困境，但尼勒曼掌舵的捷藍航空卻逆流而上：贏利達到 1 億美元、平均上座率達 86%，並被評為服務素質最好的美國航空公司。如此表現，在美國航空業又創下一個驚人的奇蹟。

　　在美國西部各航空公司的票價中，捷藍的票價比大型航空公司低 75%，甚至比素以低價優質著稱的西南航空公司還要低。而捷藍的成功主要在於它將運營成本降到了最低，在每一個環節，都絕不浪費。

　　為了最大限度地節儉成本，捷藍努力保持自己飛機的利用率。捷藍的飛機利用效率在所有航空公司中是最高的。同樣一架飛機，在捷藍，每天可以飛行 12 小時，而在美聯航、美國航

空公司和美洲航空公司只能飛 9 小時,另一個實現贏利的西南航空公司飛機每天飛行時間則為 11 小時。由於機隊飛機有限,班次一定要頻密,才能夠最大限度地獲取利潤。捷藍的總裁尼勒曼認為,理想的停機時間不能超過 35 分鐘,即乘客 8 分鐘內全部落機,清潔 5 分鐘,下一班機乘客登機 20 分鐘。此外,捷藍的飛機上座率平均達到 80%以上,而一些大型航空公司則徘徊在 60%左右。這樣就極大地節儉了成本。

捷藍還通過免去午餐來降低成本。捷藍目前擁有的飛機是全新的空中客車 A320 型。全新的飛機不僅能夠吸引乘客,而且飛行更安全,維護費用也要比老式飛機低 1/4 以上。由於機種單一,捷藍的地勤、技術人員的培訓成本也由此下降。與西南航空公司一樣,捷藍的飛機在飛行途中不提供正餐,只提供飲料和零食。在捷藍的登機門口,顯示器提醒大家:「注意:下一餐在 2500 英里之外。」以幽默的方式提醒途中需要餐點的乘客,在上機前先自行準備。由於捷藍的票價很低,乘客一般都不會對此提出抱怨。這一做法一年替捷藍省下的資金就有 1500 萬美元。

為了最大限度地將成本轉化為利潤,捷藍公司把節儉原則貫徹到每一個角落。在捷藍,300 多位服務人員在經過系統培訓之後被允許在家辦公,從而節省了大量的辦公設施及交通費用。

消滅不必要的浪費給捷藍帶來了高出同行一截的效率。按 100 英里計算,捷藍航空 2002 年上半年每個座位的收費是 8.27 美元,而其成本是 6.82 美元,收益是 1.45 美元。以低價著稱的西南航空公司的這一收費是 7.61 美元,成本是 7.31 美元,收益

僅為 0.3 美元。正在虧損的美聯航的收費是 9.95 美元，成本是 12.03 美元，虧損 2.08 美元。正在申請破產保護的美國航空公司的收費是 12.99 美元，而其成本則高達 16.06 美元，虧損高達 3.07 美元。

所以，企業要想贏利，消滅一切浪費是一條切實可行的路。節儉每一分成本，消滅任何多餘的浪費，把成本當作投資，就能引起每個企業對成本的足夠重視，從而在日常管理的方方面面，有強烈的節省成本和追求回報的意識。而有的員工卻認為自己所在的公司實力比較雄厚，那一滴水、一度電的小小浪費不算什麼。可是你要知道任何東西都是由少變多，長期積累下來的。

心得欄

36

讓節儉成為生活方式

　　節儉，是一種生產力。有了節儉，少了浪費，自然就省出相當一部份的資源、能源，這實際上也就是在創造價值。反之，如果只注重生產、發展，而忽視了節儉，儘管產出很高但開支、浪費也大，那社會財富又怎麼能積累起來呢？在今天競爭這麼激烈的商業社會裏，就算是在很小的地方去節省，積少成多，最後節省出來的東西也是可觀的，甚至可能造成贏利和虧本的區別。

　　法國作家大仲馬曾精闢地說：「節儉是窮人的財富，富人的智慧。節儉是世上大小所有財富的真正起始點。」

　　猶太人有世界公認的經商天賦，但是如果說他們的財富完全來自於天賦，是不公平的。除了天賦外，猶太人的財富可以說是來自儉樸和勤奮。猶太民族是一個多苦多難的民族，早在幾千年前，就有摩西率領猶太人走出埃及的記載，在二戰中，猶太人又慘遭屠殺。苦難的生活，養成了猶太人節儉的習慣。在猶太教的教義裏，有這樣一句話：「儉樸使人接近上帝，奢侈讓人招致懲罰。」這可謂是猶太人生活的準則。

　　猶太人憑著節儉，以及過人的經商天賦，雖然經受了許多

的苦難，但是在二戰以後，他們很快地在落腳地「發家致富」，
擁有了巨額的財富。卡特總統的財政部長布魯門切爾就是用十
幾年時間白手在實業界打出一片天地的，40 歲時已成爲著名的
本迪克斯公司的老總。在對猶太民族懷有偏見的人看來，猶太
人無法擺脫掉「吝嗇」的指責。實際上猶太人是對奢侈的東西
吝嗇，他們應當被稱爲「節儉家」。我們看一下猶太人商店陳列
的廉價品就知道了。一般的猶太人消費的就是那些廉價品，比
如說沒有香料的肥皂和沒有牌子的化妝品、餐具。看一眼猶太
人開的店，感覺不到生意興隆，只有寂寞和哀傷的感覺。無論
是在芝加哥、紐約，還是在洛杉磯，只要猶太人逛街，他們總
會買便宜貨。

猶太人把「儉樸使人接近上帝，奢侈讓人招致懲罰」深深
地刻進了自己的骨子裏。美國傳媒巨頭 NBC 副總裁麥卡錫曾經
有這樣一個故事。

在悉尼奧運會舉行的一個由世界各地傳媒大亨參加的新
聞發佈會上，人們突然發現，坐在第一排的美國傳媒巨頭 NBC
副總裁麥卡錫突然蹲下身子，鑽到桌子底下去了。大家目瞪口
呆，滿臉疑惑，不知這位大亨爲何在大庭廣眾之下會有如此不
雅之舉。過了一會，麥卡錫從桌子底下鑽了出來，看著眾人滿
臉的驚疑，揚了揚手中的雪茄說：「對不起，我的雪茄掉到桌下
了。我的母親曾告訴我，要珍惜自己的每一分錢。」

而美國連鎖商店大富豪克裏奇，他的商店遍及美國 50 個
州的眾多城市，他的資產數以億計，但他還是非常節儉。有一
次，他想要去看一場歌劇，在購票處看到一塊牌子寫道：「下午
5 時以後入場半價收費。」克裏奇一看表是下午 4 時 40 分，於

是他在入口處等了 20 分鐘，到了下午 5 時才買票進場。

　　從麥卡錫和克裏奇身上，我們看到了猶太人節儉的思想。愈是富有，愈要有節儉思想，愈要有良好的教養，愈要有本民族的傳統美德。

　　猶太人在商業上獲得的巨大成功，得益於他們把節儉的習慣應用到生活和工作中。他們不富有，誰還會富有呢？

　　19 世紀末 20 世紀初，猶太人踏上北美大陸時，大多窮困潦倒，一貧如洗。當時上岸的移民平均身帶 15 美元，而其中猶太人只帶 10 美元。剛剛到達美國的猶太人的第一形象就是窮。

　　貧窮的猶太人的唯一辦法是投資 10 美元，成為流動的街頭小商小販。他們用 5 美元辦執照，1 美元買籃子，剩下 4 美元辦貨。赫赫有名的大家族，如戈德曼、萊曼、洛布、薩斯和庫恩家族等，都是從沿街叫賣的小本經營發跡的。這種發家致富的途徑和方式，對猶太人而言，其實是輕車熟路。

　　幾代人的工夫，美國猶太人的形象大變。作為一個群體，美國猶太人已爭取到了更高的生活水準和收入，在這個富裕的社會中，猶太人是富中之富。從職業公佈上看，美國猶太人除商業、金融業外，也大多從事「白領」職業，如律師、醫生。

　　猶太民族是個幽默而機智的民族，他們滿嘴是精明而風趣的笑話，他們調侃上帝，但是從不調侃金錢。

　　有一次，勞布找格婷借錢。「格婷，我眼下手頭拮据，能借我 1 萬先令嗎？」

　　「親愛的勞布，可以借。」

　　「那你要百分之幾的利息？」

　　「9！」

「9？」勞布叫起來，「我發瘋了，你怎麼向一個教友要9%的利息？上帝從天上看下來時，他對你會有什麼想法？」

「上帝從天上看下來時，9像個6。」

勞布無言以對。

猶太人幾乎用很隨意的口氣，像談論鄰人一樣談論上帝。但他們對金錢卻永遠是極其認真的。

因為金錢對猶太人而言，是比天國的精神上帝更為實在的世俗上帝。對注重現實生活的猶太人而言，對必須靠錢生活的猶太人而言，是世俗上帝——金錢——得以使他們的肉體生存，也只有在世俗上帝保證肉體生存之後，他們才能膜拜精神上帝，追求高尚的精神生活。

因此，對猶太人而言，錢居於生死之間；在他們的生活中，錢處於中心地位。

他們隱藏著的苦楚和悲涼，精心侍奉他們的世俗上帝。

猶太人將節儉作為自己的生活和工作方式，他們曾因為這種方式渡過難關，他們也因為這種方式而成為百萬富翁，這就是他們擁有經商天賦的奧秘。

節儉是一種美德，更是員工愛企業如家的重要表現，是企業對每個員工的基本要求，同時也是企業在市場競爭中生存與發展的客觀需要。向猶太人學習，讓節儉成為自己的生活和工作方式，使公司和自己變得更加富有。

37

成本分析要追根究底

正如美國鋼鐵大王卡內基所說：「密切注意成本，你就不會擔心利潤。」正是基於這種想法，才誕生了成本分析的概念。

所謂的成本分析，是指利用成本核算資料及其他有關資料，全面分析成本水準及其構成的變動情況，研究影響成本升降的各個因素及其變動的原因，尋找降低成本的規律和潛力。

從中可以看出，通過成本分析可以正確認識和掌握成本變動的規律性，不斷挖掘企業內部潛力，降低產品成本，提高企業的效益；還可以對成本計劃的執行情況進行有效的控制，對執行結果進行評價，肯定成績，指出存在的問題，以便採取措施，為提高經營管理水準、編制下期成本計劃和作出新的經營決策提供依據，給未來的成本管理指出努力的方向。

現實中，很多企業都在千方百計地降低成本，但是往往做的不夠，他們在面對下屬遞交上來的各種費用報銷單以及各種生產預算時，往往有一種想大刀闊斧卻又無從下手的感覺。其實，要從成本分析的角度把成本控制好，只要有一個細節做到就夠了，那就是追根究底。

這裏的追根究底，就是要對每一「單位」成本進行細化，

由「單位」成本分析到「單元」成本，以便掌握每一「單元」成本的合理化，並對有疑問的地方抱著打破沙鍋問到底，再問砂鍋那裏來的態度，一點一滴地追求合理化。這樣，任何成本不合理的問題都能找到根源，都能得到妥善的解決。成本分析追根究底，可以進一步確保利潤的增長。

其實從成本分析的本身也可以看出，降低成本的關鍵就在於找到影響成本升降的各個因素及其變動的原因，要做到這一點，就必須對每一項成本追根究底。

追根究底，就是凡遇到問題或發生異常都要深入加以分析，並且追究問題的本源。就像河裏的水混濁了，要探求它的原因，就必須溯流而上，一直追到河流的源頭處，才能排除異常，解決問題。對成本分析追根究底，才能發現成本不合理的根源所在，才能從根本上解決問題。

有這樣一個事例：

在美國早期設計的登月飛船上，都裝有一個小小的減速裝置，用來減慢太陽能反射板的開啟速度。那些飛船都是帶著這種減速器成功飛上月球的。

後來，在研製飛向火星的「水手4號」太空船時，科學家們認為那種減速器過於笨重，並且容易沾上油污，於是就重新設計了一種。但是，這個新設計的減速器經過試驗並不可靠，經過多次改進仍然無法令人滿意。

正當研製小組幾乎絕望的時候，有位科學家大膽地提出，是不是可以不用這個減速器？最終的模擬試驗證明了這位科學家的建議完全正確——那個勞民傷財的減速器，從一開始就是多餘的，只不過是以前多次成功的飛行，使人們形成了思維定

勢，一直維持著它存在的合理性。

其實，從成本分析的角度來考慮，這個減速器之所以從一開始就裝在飛船上，就是因爲人們沒有對這一問題追根究底，如果大家沿著這一問題追問：「爲什麼要裝這個減速器？」回答：「爲了減慢太陽能反射板的開啓速度。」然後再問：「爲什麼一定要減慢太陽能反射板的開啓速度？能否讓它正常開啓？」到這個時候，也許人們就會發現減速器的多餘了。

仔細想一下，我們的企業裏又何嘗不是存在很多的沒用的開支，像這個沒用的減速器一樣，在假相中迷惑了企業，卻在不知不覺中增加了成本、吞噬了利潤。不去追根究底，如何去發現那項開支是否真正合理？企業存在了太多的不合理的成本開支，又如何從根本上節省成本，提高利潤？

在內容上，成本分析包括事前成本分析、事中成本控制分析和事後成本分析。只有追根究底，才能做到事前、事中控制，才能做好事後分析，從根本上做好成本的分析控制。

成本控制涉及到企業管理的方方面面，企業提高效率從根本上來說就是降低成本，效率提高了，利潤自然會得到提升。追根究底地進行成本分析，不僅可以砍掉一切不合理的成本支出，還可以逼迫企業員工採取各種措施嚴格控制成本，有效地提升企業的競爭力，提高企業的利潤。

38

馬上助你降低物料成本

┄┄┄┄┄┄┄┄┄┄┄┄┄┄┄┄┄┄┄┄┄┄┄┄┄

　　製造業的物料成本約佔製造成本的 60%以上，停工待料、呆料太多、進料價格高或品質有問題、庫存積壓、週轉率低以及製造過程中物料成本無法控制等問題，小則將造成浪費損失，大則足以導致生產線停頓、延誤交貨期，甚至造成企業資金壓力！嚴重的將導致虧損倒閉、結束經營。

　　因此物料與採購絕對是企業管理中最關鍵的要項，下面有3 種方法可以幫助企業有效降低物料的成本：

1.將大包裝換成小包裝

　　在生產中，經常存在實際用量少於物料固定包裝量而造成浪費的現象，這些被浪費的物料數量，就單個品種來說可能不是很多，但小數怕長計，長此下去會「吃掉」企業很多利潤。所以，一定要採用有效的措施來堵住這些浪費的漏洞。

　　Q 電子企業生產中只需用到 1000 個 S 零件，但是因為倉庫的 S 是 800 個一包，沒有零散的 S，而一包又不夠用，所以倉庫只能配給生產線 2 包 S 零件。

　　很明顯這樣一來會造成多出 600 個 S，而且還需要派專人負責處理這些多出來的 S。另外，Q 企業還不知道有沒有機會

再接到需要用到 S 零件的定單，若不再用到 S 的話，那麼這 600 個零件就只能浪費掉了，有沒有妥善解決的方法呢？

解決問題的最好方法，就是要求供應商把零件改成小包裝。假設能改成 200 個一包，倉庫只要發 4 包 S 給生產線即可，如此一來，就可以減少現場需要管理零散零件的機會。

2.一眼就可以看出的最佳採購點

一般企業在原物料的掌握上，除了控制最高存量及安全存量外，還要掌握一個最佳訂購點。所謂最佳訂購點，就是當庫存量低到這一點時，採購人員就應該發出訂購單。因爲，過早發出訂單，對方會過早把貨品送進來，這樣一來會增加庫存量；如果訂購單發晚了，又很可能會因爲原物料無法及時供應，影響到生產進度的安排。

企業若用電腦來管理全部原物料採購情況，當然不會出現什麼問題；但如果通過人爲控制，倉庫管理人員所扮演的角色就很重要了。由於倉庫內的物料品種有成百上千種，而每一種的最佳訂購點又不一樣，如果完全依賴倉管人員一項一項去清點、去注意，就會存在很大的風險。

如果能一眼就看出最佳採購點，那麼倉管人員在這方面的壓力就會減輕很多，出錯的機會自然也會減少。

假設 A 公司一週要用 5 包 A4 複印紙，因為複印紙不是特殊材料，只要電話訂貨文具公司就會如期送貨上門，假設從打電話訂購到文具店把複印紙送來需要 7 天。由於複印紙庫存量過多就是浪費，因此，設定複印紙的庫存量上限爲備購期用量的 2 倍，也就是 10 包。

有了這些假設條件後，首先可以在存放 A4 複印紙的位置

處畫一條紅線，這紅線的高度剛好是 10 包 A4 複印紙的高度，只要複印紙存放的高度遮住這條紅線，表示 A4 複印紙的存量超過了允許的最高存量。

接著，可以在複印紙倒數第 5 包處夾上一張代表要採購的紙條，當這張紙條出現時，表示要通知有關人員採購。因為，公司一個星期要用 5 包 A4 複印紙，而備購期需要 7 天，所以，剩下的 5 包剛好夠在備購期內使用，當用完時，對方又會將新貨補充進來。

3. ABC 採購法

一般正常的採購程序應該是先由買方發出採購資訊，再由賣方按照買方所提出的條件進行報價，然後，可能會經過比價、討價還價等過程才做出決定，最後買方開出訂單完成採購作業。

但是，由於大多數企業每個月所使用到的原物料種類很繁雜，而且價值又高低不一，如果對每一項物料的採購都依照上述程序來進行，簡直是勞民傷財。

G 公司每個月要用到 20 多種不同規格的螺絲，而採購程序完全按部就班執行：一項一項讓供應商報價、殺價，然後才做出決定，再開出訂單。

這樣一來，企業的採購及供應商都會煩不勝煩。而且一般螺絲的單價都不高，這樣的操作方式所投入的相關成本可能會比所買的螺絲總價還要高。

但是，如果採購管理鬆弛，很可能會出現紕漏，這又不是企業的管理層所願意見到的。有沒有辦法可以減輕這方面的壓力呢？

ABC 採購法就是一種可以參考的方法，所謂的 ABC 採購法

就是借用重點管理的原則，將要採購的物品依其重要性加以分類，然後，再對這些不同價值的物品採取不同的管理手法，以達到最適效用的一種管理。

	A 類材料	B 類材料	C 類材料
定義	大宗、不能斷料的主要材料，或重要的電機設備	介於 A 類和 C 類之間的材料	一些價值低的材料
採購原則	按一次請購，分批交貨的原則處理；如果能和供應商簽訂長期供應合約，則以簽訂長期供應合約來處理。	事先選擇幾家適合的供應商，並簽定長期協議書，只要供應商提交的價格經過買方認可，採購人員可跳過報價這一關，直接根據價目表來訂貨。	因單價不高，若按正常作業程序進行採購，可能作業成本還比材料成本高。所以，採取與一些供應商事先約定，凡是這一類材料可先訂貨，事後再做價格審核。
好處	一方面量大可以降低單價，另一方面因減少採購次數，而降低採購成本；此外，分批進貨，有助於倉庫管理。	因屬長期報價，所以材料成本基本不易受物價波動的影響，有利於生產成本的掌握；同時，因為是經過數家供應商事前比價，所以能掌握住最低單價。	不但可以把握時效，同時還可以降低採購作業成本。

39

人手緊張，工作更充實

···

　　「經營之神」王永慶曾經說過，一個只需要 5 個人就能完成的工作卻聘用了 10 個人，所造成的影響，不光只是這個單位多養了 5 個人而已，而且造成這 10 個人都可能失業。

　　根據調查，一個員工在一天的上班時間中，真正能夠替公司創造生產力的部份，也就是所謂有附加價值的部份，只約佔上班時間的 50%；另外 50%的時間，可能是在喝茶、閒聊等不產生效益的事情中度過。

　　因此，一個企業絕不能養過多的人，簡化管理程序，提高辦事效率，保持適度的人手緊張，是降低人事成本的有效方法，而且有利於員工人盡其才，人盡其用，讓員工工作得更加充實。

　　在沃爾瑪，一提起人手問題，總經理就馬上會開動腦筋把增加新人的薪資和銷售收入結合在一起，盤算每天需要多售出多少錢的商品才不賠錢，而且計算速度快得驚人！這真是由省錢動力帶來的沃爾瑪速度。

　　事實上，雖然許多部門總是吵著人手不夠，卻很少見到增加人手的情況。因為平時再忙都可以頂過去，等到了節假日又會有大批「空降兵」到達——從地區營運總監，財務、人力資

源、市場等各部門的經理和主管，一直到辦公室的秘書，所有文職人員都將放下手頭的工作，換下筆挺的套裝，奮不顧身地投入到繁忙的賣場中。

國慶日的時候，人力資源部的女員工頭戴白帽賣起了「長法棍」；北方營運總監笑容可掬地當上了收銀員；商店總經理則穿上工服，將整卡板的可樂從後倉運到賣場……

為了讓員工更有效，沃爾瑪在內部建立「飛鷹行動」計劃：讓所有管理層接受收銀培訓，確保所有員工在任何需要的時候都能放下手中的活，在第一時間飛到前台，上崗收銀。

「飛鷹行動」很好地說明了交叉培訓的作用──沃爾瑪經常在全店範圍內組織員工進行跨部門培訓，讓所有人都有機會勝任多種工作。這種內部調劑方法保證了人員的靈活配置。讓人人有效才最能夠省錢，不失為一種高效的省錢方法。

當部門要求增加人手時，告訴他們「不行」，連續拒絕 3 次後，你會發現大部份的部門已經自己處理好了這個問題。部門的成員開始懂得分清事情的輕重緩急，只幹那些真正值得去做的事情。他們的部門運轉良好，只是每個成員的工作效率更高，互相的配合更加默契而已。

如果有部門開始第 4 次請求增加人手，那麼就應該調研一下增員的必要性了。如果有些事情不增加人手就不能辦好的話，那就必須增加人手了。

在保持人手緊張、工作量滿負荷的前提下，讓各部門各崗位的人力配置更加合理，才更有利於企業的管理及成本的核算。

適當地聘請兼職人員

·······································

　　有一個老闆在招聘秘書的時候，曾經這樣說：「我寧願花 1000 元/月請一個一般的秘書，也不會花 3000 元請一個精通 6 國語言的秘書。因為兼職翻譯具備專業水準，且隨叫隨到，專業的文件交給他們處理得又快又好……」

　　聘請兼職人員，由於薪酬普遍較低，而且企業也不需要負擔其他福利，可以直接有效地降低人力成本。因此，越來越多的大型機構為了節省成本，聘請兼職員工的比例在逐步提升。

　　由於客戶數量增加，輝瑞制藥有限公司於 1999 年建立了一個兼職銷售團隊。為促進某消費潛力較大地區的銷售，該公司選擇了 60 名願意從事工作時間相當於全職 60%的兼職人員進行銷售。

　　結果超出預期目標：該區域的銷售額較其他地區高出 1.5% 到 4.5%。不久，兼職銷售代表人數增加到了 130 名，另外公司內部還有 100 名申請者在等候加入。聘用兼職員工在節省成本之餘，還可以作為緊急應變措施。

　　由於業務運作的需要，有部份行業，如零售業、餐飲業和酒店業等，還有一些職位，例如促銷員、銷售員、市場調查員

等，都需要聘請兼職員工。事實上，部份求職人士由於需要照顧家庭、進修或其他原因，不能擔任全職工作，因此，兼職工作亦較切合這類人士的需要。

企業聘請兼職人員的對象主要有兩類，一類是學歷不高、待遇較低的臨時工；另一類是素質相對較高，一般都是高學歷者，或者有專長者，在其被聘請的領域有優勢的高級人才。例如聘請一些電腦專業的人才作兼職程序員，聘請專家學者作顧問指導，聘請企業家作大學兼職教授等等。

在任何一家沃爾瑪都沒有配備專門的翻譯人員。沃爾瑪只在建店之前為每位美國專家配備過臨時翻譯，而且一個月用完就走人，平時都是秘書兼翻譯工作。任何一位外籍高層進行巡店的時候，他們的翻譯往往就是陪同的相關部門的總監，或者就是區副總裁本人。

企業要養一個專門的高級人才，需要花費的成本很高，而通過兼職形式能以較低的成本，快速為企業引進有專長的高級人才，例如聘請兼職律師、高級工程師、管理顧問等。

企業需要聘請的兼職高級人才畢竟數量有限，而零售業、餐飲業等因為行業特性，對基層員工的水準要求不是很高，採用兼職員工可以大大降低其人力成本。所以，這幾個行業普遍存在聘請兼職員工的做法。

A公司是一家大型連鎖餐飲機構，該機構兼職員工的比例已超過員工總人數的 4/5。有關負責人表示，該機構所僱用的全職員工都是多年前所聘請的，近年已不再聘請全職員工，改為聘請兼職員工。

因為兼職員工只需支付時薪，公司不必負擔其他福利和有

薪假期等，更容易控制營運成本。雖然兼職員工不能每天上班，但因公司屬大型機構，有足夠數量的員工可供調配，所以問題不大。

兼職員工薪酬不高，以該機構為例，時薪不多，現時不少兼職員工每天上班時間平均 7 小時，部份人一星期工作 6 天，每星期上班 40 多個小時。

撇開管理上的複雜性不談，僱用兼職人員對企業來說非常有利。但由於兼職人員薪酬較低，升遷困難，而且工作較辛苦，沒有任何保障，所以流失率較高。

但對於管理，這裏有幾條經驗。首先，當工作成效可以量化時，經過合理管理的兼職員工的確能發揮作用；其次，像輝瑞這樣的頂級公司，通過妥善安排兼職人員，正在發現其價值所在；第三，運作出色的兼職計劃可以留住表現出色的員工，而他們正是在經濟放緩時僱主特別需要留住的人員。

參當勞公司在中國的從業人員中，僅有 6000 多名正式職員，而鐘點工卻超過 10 萬人，每個店鋪的標準配置為 2 名正式職員率領大約 50 人的鐘點工。

每個參當勞店平均有 60～80 名工作者，其中只有極少數是全職工作者，平均一天分三班，每一班只有 1～2 名正式職員。而正式職員一星期只工作 5 天，計時兼職工則有專門的「登記制度」，所以整間店面在營業時間內可能都是由計時打工者從事勞動及管理的。

由於客戶數量的增加，某製藥公司於 2000 年建立了一個專門由兼職人員組成的銷售團隊。為了佔領某個較大地區的市場，該公司選用了 60 名願意從事工作時間相當於全職 50%的兼

職人員進行銷售。結果完全超出了公司的預期目標,該地區的銷售額比其他地區要高出 4%。而且由於聘請的是兼職人員,所以薪酬比較低,企業也不需要負擔其他福利,因而直接有效地降低了大量人力成本,使這一地區的利潤遠遠超過其他同類區域。

很多企業都比較流行用派遣人才的做法來僱傭員工,在這些企業,員工的種類和方式可以說非常豐富,既有正式工、派遣人才,又有臨時工、期間工、小時工等等,這種做法是很有道理的。

一般來講,企業要培養一個專門的高級人才,需要花費的成本很高,但是,如果能根據工作和職位的性質和要求,多聘用一些兼職人員,就往往能以較低的成本,較好地完成工作。上述製藥公司的案例,就說明了聘用兼職人員的益處。

1.儘量使用兼職人員

由於業務運作的需要,有很多行業,比如零售業、餐飲業等,還有很多職位,比如促銷員、銷售員等,由於其工作的特殊性,對員工的水準要求不是很高,都需要大量聘請兼職員工,這可以為企業節省大量成本。

這種僱傭方式已經延伸到很多中小企業中,越來越多的企業機構正在越來越多地聘請兼職員工。

一般來講,這些企業多屬於勞動密集型,企業通過正式技術工人的指導,可以使臨時僱傭的員工掌握簡單重覆的操作作業,這種組合僱傭方式的採用使企業充分發揮了人才資源,在削減人工費方面顯示出明顯優勢。

非正式員工在福利和獎金方面比正式員工要少很多,所以

可以節省很多人力成本，而且這些非正式員工大多比較年輕，工作很努力，是企業發展不可缺少的主力軍。這種儘量使用兼職人員，使員工僱傭形式多樣化的做法，在生產和人工費上為企業利潤的創收帶來了非常大的貢獻。

所以，企業在招聘人員時，管理者應該仔細審視公司的每一個職位和工作，能交給兼職人員去做的就儘量聘用兼職人員，這對企業來說非常有利。

即使是一些必要的領域和工作，即使外人看來無法使用兼職人員，只要願意開動腦筋，也一樣可以找到突破。

2.作業的標準化可以更多更好地使用兼職人員

麥當勞是一個非常奇特的公司，在它的從業人員中，只有6000多名正式職員，但是鐘點工卻超過了 10 萬人，每個店鋪的標準配置是 2 名正式員工率領大約 50 人的鐘點工。

這在其他公司是不可想像的，因為兼職人員可能缺乏相應的專業知識和技能，大量地聘用會給企業帶來一定的風險，一旦管理失控，後果將不堪設想。但是，麥當勞卻一切運行良好、受益匪淺，這是為何？這其中的秘訣就在於作業和培訓的標準化。事實上，任何一家企業如果想更多更好地使用兼職人員，就必須使自己的作業標準化。

所謂的作業標準化，就是對作業程序分解、固化並且制定為具體的作業規程，使任何人按照這個標準規程進行操作都可以得到相同的結果或產品。同時，在制定作業規程時應保證該規程容易學習掌握，使受訓員工在短時間內就可以掌握作業要點。

如果沒有標準化的作業和培訓，那麼公司的管理者必定會

忙得焦頭爛額，使公司正常的生產管理工作受到影響。也只有徹底地實行作業和培訓的標準化，才能使公司的兼職人員儘快地熟悉和掌握工作要領。同時使各類員工步調一致地高效率地從事工作。

除了聘請兼職人員外，領導者還應該多想一些其他辦法來節省人力成本，比如有些操作崗位，如果用中專生或技校生就足夠時，就沒必要片面追求高學歷，這樣不僅所付的薪酬低，也不需要太多的培訓費用，還容易留住人才。

松下幸之助說：「人員的僱傭以適用於公司的程度為好。」這句話應該作為人力成本管理的標準。在適用於公司的程度這一前提下，儘量聘用合適的兼職人員，可以最大限度地節省人力成本。剩下的就是賺下的，省下的成本越多，利潤增加的也就越多。

對兼職人員的聘用還可以給正式員工帶來一定程度的壓力，使他們更加發奮地工作。

心得欄 ----------------------------------

41
用最少的人，做最多的事

據資料顯示，一名員工在一天的上班時間中，真正能夠替公司創造生產力的部份，也就是所謂有附加價值的部份，只約佔上班時間的 1/2；另外 1/2 的時間，可能是在喝茶、閒聊等不產生效益的事情中度過。

台塑的王永慶曾經說過：「一個只需要 5 個人就能完成的工作卻聘用了 10 個人，所造成的影響，不光只是這個單位多養了 5 個人而已，而且造成這 10 個人都可能失業。」

所以，一個企業不能僱用過多的人，而必須提高員工的辦事效率，用最少的人做最多的事，這才是降低人事成本的有效方法。

韓國西傑集團本國的一家麵粉廠，每天處理小麥的能力是 1500 噸，有 66 名僱員。

據瞭解，西傑集團也在蒙古地區投資辦過廠，當時的日處理能力為 250 噸，員工人數卻達 155 人。同樣的投資人，設在蒙古地區的工廠與韓國本土的生產效率居然相差 10 倍之遙。

兩家工廠的效率為什麼有這麼大的差距呢？是設備的先進程度不同？不是。相反，韓國本土工廠是 20 世紀 80 年代投

入生產的，而內蒙古的合資廠卻是在 90 年代建起來的，比原廠還要先進。是管理方法的問題？也不是。工廠的主要管理層基本上都是韓國人。

　　仔細想一想，與韓國人相比，韓國人做事總是手腳不停，無論是工人還是管理人員，手頭的工作做完了，就一定安排有別的事做；他們是一專多能，比如說一個廠長，如果他覺得自己的崗位比較空閒，就會做其他一些事情，以節省人力。而我們大部份企業中，還存在把自己的事情做得差不多就夠了的想法，所以我們的效率就低了。

　　按照這樣的計算模式，我們能得出一個非常驚人的結論：人力資源成本其實是非常高的。不要只看我們的員工的基本薪水低，其實我們工作的效率更低。每個人低那麼一點點，在一個企業、一個社會，形成的差距就十分巨大。而且這種差距並非靠加強管理就能解決的，管理者可以告訴員工應該怎麼幹，但是卻無法教會他幹完這件還應該幹其他的事，這種補位的意識完全要靠員工的自覺性。

　　因此，如果想真正地做到用最少的人做最多的事，首先就要從員工的工作態度入手，如果每一位員工都能做事做到位，並且有積極、自覺的補位意識，那麼工作效率自然會提高，用最少的人做最多的事也自然會實現。這樣就會有效地降低人力資源的成本，為企業創造利潤。

　　作為一名員工，如果你想成為這最少的人中的一員，那麼你首先就要成為一名善於補位的員工，這樣你才不會面臨被裁員的危險。

　　李林是一家公司的普通職員，平時的工作只是收發、傳送領導文件。當公司出現一些無人料理的事情時，別的同事都為能少做就少做而推來推去，而李林卻像一顆螺絲釘一樣趕快補上，不久一份工作就漂亮地完成了。從此「李林你見一下那個客戶」、「阿澤你去做那件事情」這樣的指派越來越多。

　　李林從未覺得自己是個被人支來支去的「小跑堂」。雖然雜事很多，但是得到鍛鍊的機會也多，比如，她去接觸傳媒，聯繫公司的廣告業務，參與廣告文案的寫作，選擇適合的傳播管道，等等，這些都給了她一個充電和學習的機會。

　　一直在暗中觀察員工表現的老總暗暗點頭。從此李林工作更忙了，但是忙的卻是一些更重要的事情。比如公司的一些重要客戶，一些談判的場合，老總都會帶上李林一起去。終於有一天公司要準備「上市」了，需要把公司徹底包裝成一家公眾公司，擬一份招股說明書，集團董事會希望李林能做好準備，協助管理層完成公司歷史上質的飛躍。

　　李林不負眾望，漂亮地完成了自己的工作任務，理所當然地成為那家上市公司董事會的秘書。後來，她又躍升至公司管理層高級管理人員，並且成為資本運營方面獨當一面的大將。

　　如果你在職場中能像李林一樣善於補位的話，那麼企業就會實現用最少的人做最多的事，減少人力資源成本，同時，你也會因為是這最少的人中的一員而更加得到上司的器重。

42

降低成本，要從高層領導做起

凡是有所成就的企業家，幾乎都是簡樸的典範。事實上也必須這樣，企業要想節省每一分成本。領導者首先就要從自身做起，給員工們做好示範。以身作則，才能使人心服。

有人說，王永慶可能是世界上最節儉的億萬富翁了，關於他節儉的故事，人們隨便都可以提到很多。

台塑公司的一位職員，花了1000美元為王永慶的辦公室更換新地毯，結果惹得王永慶很不高興，差點大發雷霆！他對於吃的原則是「簡便」，最愛吃的是家常的鹵肉飯；他對於穿的原則是「整潔」，每天早上跑步穿的運動鞋，一雙總要穿上好幾年，而一條運動時用的毛巾，據說用了近30年！

生活中都如此簡樸，那麼工作中就更是力求節儉了。在台塑工作，各單位之間文書往來的信封不能用完就丟，必須使用30遍才能報廢；工人工作時戴的手套，如果手心磨破了，他會讓工人把手套翻過來，戴在另一隻手上，洞就到了手背，又可以繼續使用；王永慶要請客吃飯，不會在外面餐廳，而是在台塑招待所內，一般中菜西吃，客人將盤子端出來，由侍者分菜，不夠可以再加，但是絕對不能有剩菜。這樣既降低了招待費用，

又顯得簡樸而大方，不失身份。

連企業的領導者都是如此節儉，那麼其他人還敢隨便浪費嗎？還好意思隨便浪費嗎？從某種角度來講，是企業家的個性形成了企業的文化，一旦企業家的節儉變成了整個企業的文化，沒有理由相信這樣的企業還會存在浪費。

企業家的影響不僅要體現在以身作則上，還要隨時教育、感召員工，使他們與自己形成勤儉節儉的共識。

企業對成本的控制，歸根結底還要靠員工去完成，所以，單是領導者具有節儉的意識還遠遠不夠，領導者還要隨時教育員工，使每一個員工都把節儉成本當作工作中的一項必要內容。要讓每一個員工感覺到，花企業的錢，就像花自己的錢，讓所有員工都養成死摳成本的習慣。

降低成本是企業必不可少的課題，尤其是在當今微利時代，企業之間的競爭愈來愈激烈，一個企業要想在這樣的環境中存活下來，必須要有超越他人的法寶。從每一滴成本上做文章無疑是企業爭取利潤的行之有效的出路。

從自己口袋裏省下一塊錢，要比從競爭對手手裏搶過一塊錢或是從客戶手裏賺回一塊錢，實在是容易得多。所以，企業節省成本應該千方百計、一點一滴地去摳。

43

大家一起來琢磨節流工作

員工的建議裏總有許多出人意料的好點子，而且往往只有行家裏手才能想得出來。這些點子單個看上去微不足道，積少成多就能節省大筆開支。

讓員工參與提出開源節流的合理化建議，不僅是企業提高經濟效益的「金礦」，還能凝聚人心，最大限度地激發員工的積極性和創造性。所謂眾志成城，人多力量大，讓大家一起來琢磨開源節流，為提高企業效益獻計獻策，是員工應盡的責任與義務。

現代企業組織裏，工作範圍的界定其實只是每個人應該做的最小範圍。把公司的事情當成自己事情的職員，任何時候都敢做敢當，勇於承擔責任。只有主動地對自己的行為負責、對公司和上司負責、對客戶負責的人，才是老闆心目中最優秀的員工。

調整自己的心態，為企業、老闆、上司設身處地著想，你就會發現提高產量、降低成本、增加銷售額、創造更大利潤的切入點，也會發現自己對於怎樣完成這些任務有源源不絕的靈感。

2003 年初，全球突然遭遇「SARS」疫情，客流量驟減，M百貨公司開展了開源節流的活動，號召全體員工一起共渡難關。

通過「非典」，學會了節儉，M 百貨公司努力尋找節儉的途徑。因為百貨商場在正常情況下人流量是相當可觀的，效益很不錯，所以養成了員工大手大腳的習慣。「SARS」期間，百貨公司門可羅雀，營業額連續下滑，員工也清閒了許多，相對應的就是獎金的日漸減少。

收入的減少使得全體員工都開始「想辦法」，最後一致認為，最有效最簡單的辦法就是要自己開源節流，從細小的地方去著手節省。包括：節儉每一滴水，每一度電……一個月下來大家發現真的是收穫不菲呢！

雖然「SARS」給 M 公司帶來了不小的損失，但是從長遠來看，似乎是給了企業一個很大的幫助。因為全體員工都達成了一個共識：自己的利益和公司的利益是一致的，為公司省錢，就是為自己省錢！

如果為了節儉成本而壓低員工的薪資，這種做法是愚蠢的，因為只有讓員工自願去為企業開源節流，才會收到好的效果。有時候增加員工的薪資反而使開源節流的效果更為明顯。

亨利‧福特在 1914 年宣佈了震驚世界的「5 美元工作日」計劃，高於當時當地平均水準一倍有餘，所有人都認為福特瘋了，但是 1914～1916 年 3000 萬、4400 萬和 6000 萬元的納稅後淨收入證明，提高員工薪資不僅沒有給公司增加成本，反而提高了生產率。

全球著名的思科公司，其開源節流的方法很值得我們借鑑。思科公司的節儉不是教條性的，如果有人能喝 10 瓶水，也

絕不會有任何人指責他浪費。另外，思科公司利用互聯網作為工具，便於隨時溝通，公司的一些決策都事先跟員工進行討論，有專人負責徵求意見，員工自然願意發揮自己的主動性。

思科公司的管理者們似乎從不擔心過於網路化的工作形態會帶來弊端，比如說無法監控員工是否在工作時間做私事。他們充分相信員工有安排時間和制定計劃的能力。事實表明，思科每個員工平均所創造的收入高達 70 萬美元，而傳統公司只有 22 萬美元。

創維公司的成本控制雖然在同行業中很出色，可是公司內部還是認為存在很多問題，仍有很大的潛力可以挖掘。為此，創維號召內部職工集思廣益，為企業的開源節流想辦法，結果得到了很多行之有效的好意見，甚至有些是很簡單卻又始終沒有想到的辦法，產生的效果非常明顯。

一種有效的削減成本的方法是，每月建立一個新的委員會來思考不同的方法降低成本。委員會由不同部門的員工組成，有專門時間，要求 30 天內盡可能提出 5 個最重要的成本削減之處，並公佈他們的建議。將實際採用的所有建議連同提出該建議的委員名字張榜公佈。到年末，從第一年節儉下來的錢中拿出 20%分給委員會成員。

因此，應建立和保持嚴格的員工建議體制。設立建議箱，徵集具體降低成本的點子，而不是泛泛的建議。把有關費用的情況告訴員工能起到鼓勵作用，如果建議被採納，就要獎勵提建議的人，而且一定要大張旗鼓地進行。不管點子是好是壞，對每一條建議都要儘快反饋，這樣才能讓員工知道企業看重他們的建議。

　　以節能降耗、科技進步、勤儉節儉、提高企業經濟效益為中心，動員全體員工努力鑽研技術，發揚艱苦奮鬥精神，從我做起，從身邊做起，發揮聰明才智，從節儉一滴水、一度電做起，為企業增產節儉、增收節支活動出謀劃策，才能收到最大效果。

心得欄 ---------------------------------

44

節儉就是製造效益

　　效益是企業的永恆主題，關乎效益的最直接因素是成本。如何計算成本？怎樣控制和降低成本？這是每個企業家極其關注的問題，也是每個企業必須認真做好的一篇「大文章」。沃爾瑪連「一張廢紙、一封郵件、一個電話、一次吃請」都不放過，事事處處「摳門」，可見這篇「大文章」做得既細微，又面面俱到。如此，「摳」出了低成本，「摳」出了高效益。

　　「摳門」，就是精打細算、節儉辦事。「曆覽前賢國與家，成由勤儉敗由奢」，在市場被進一步細分，行業進入微利時代的今天，從小事入手降低成本，才能積小利為大利，為企業卸下沉重的成本包袱，從容面對各種競爭。

　　別小看點滴節儉的涓涓細流，一個螺釘、一張紙也許不算什麼，但積少成多，日積月累後也是相當可觀的。對一個大的企業或機關來說，隨便緊一緊，每年就可節儉百萬元甚至千萬元。

　　很多企業推出節儉措施，不只著眼於經濟效益，更注重培養艱苦奮鬥的作風和集體主義的精神，建立勤儉節儉的企業文化。如果人人都大手大腳、揮金如土，不但抵消了企業的效益，

浪費了寶貴的資源，還助長了奢靡之風。所以，「摳門」，不僅出效益而且出精神。

　　日本一家公司，衛生間的抽水馬桶水箱中放有幾塊紅磚，以緩解水流速度、節儉用水量；工人的勞保手套不是按期發放，而是以壞換新，壞一隻換一隻；職員用的筆記本，記完了正面，反面再用來寫便條。

　　還有家大公司要求在工作時間內關掉靠近窗戶的電燈，吃午飯時必須把全部電燈關掉。

　　歐洲一家大公司的老闆，出差能坐二等車就不坐一等車，乘船或飛機則坐二等艙、三等艙、經濟艙也不在乎。

　　「摳門」絕不是該花的錢不花，而是不該花的錢堅決不花，是堵塞「跑冒滴漏」，杜絕鋪張浪費，把該省能省的錢節儉下來，用到刀刃上，發揮更大作用。「摳門」使得企業大大降低了生產成本，提高了利潤，創造了核心競爭力。

　　因此，「摳門」的實質是：科學地把以人為本的管理模式、對員工的關愛之情融會於嚴謹的成本管理之中，從而使企業上下「一條心」，形成強大的凝聚力。「摳」與「不摳」，值得我們每一個企業深思。

45

向供應商「開刀」

企業在採購時，真正的需要是什麼？——盡可能低的價格，盡可能好的質量，準確而快速的交貨，供應商的可靠性以及有效的溝通。

製造業的原材料佔了產品總成本的絕大部份，因此企業最關注的就是採購成本。據統計，電腦和汽車行業的採購成本為 60%～80%，消費電子為 50%～70%。假如企業降低 8%的採購成本，則電腦和汽車行業的利潤基線邊際點會增加 4.8%～6.4%，消費電子的利潤基線邊際點會增加 4%～5.6%，而利潤增長百分率將會是巨大的，這對提升企業的競爭力至關重要。

要降低採購成本，最直接的辦法就是向供應商「開刀」，讓其降價或者在一定的時間內停止漲價。向供應商要利潤，已經成為很多企業採購時堅定不移的原則。其中沃爾瑪的創辦人山姆·沃爾頓就是這一原則的擁護者，一旦逮到機會，他便伺機向供應商殺價，所以供應商們對沃爾瑪都愛恨交加。

沃爾瑪通過規模化採購向供應商要利潤

沃爾瑪始終貫徹「從供應商那裏為顧客爭取利益」的採購原則：

首先，對供應商進行資質認證

從供應商的生產規模、資金實力、技術條件、產品質量、資信狀況、付款要求、供貨及時性等方面進行全面考察，初步確定目標供應商選擇範圍。

其次，採購業務洽談

在採購業務洽談過程中，採取規範化、標準化的談判業務程序。

第一，談判地點統一化。與供應商談判地點一律選擇沃爾瑪公司洽談室，一方面作為談判主戰場，對公司談判有利；另一方面使談判透明度高，規避商務談判風險，防止業務員的投機主義行為。

第二，談判內容標準化。按公司規定的《產品採購談判格式》要求進行談判，譬如商品屬性、產品質量、包裝要求、採購數量、批次、交貨時間和地點、價格折扣、付款要求、退貨方式、退貨數量、退貨費用分攤、產品促銷配合、促銷費用分攤等相關內容。

再次，對供應商管理實行戰略合作夥伴式的運行模式

把供應商的生產成本、技術研發、管理費用納入到沃爾瑪公司的管理體系中來。通過電腦數據庫把沃爾瑪所有的商店的庫存資訊、銷售資訊、產品價格資訊、客戶反饋資訊、內部經營計劃資訊等與供應商進行共用，從而降低了外部市場的交易成本，同時通過及時的市場訊息反饋，保證了產品質量和創新速度。

由於沃爾瑪公司與生產企業直接掛鉤，大量集中採購、配送，既減少了中間環節，又降低了進貨成本。因此，沃爾瑪購

物廣場銷售的商品，比其他商店的同類商品一般要便宜 10%左右。在供應商把商品送到配送中心後，公司的檢驗部門還要運用多種技術手段，對商品質量進行嚴格檢驗，防止假冒偽劣商品進入商店，影響整個公司的聲譽。

為了降低採購成本，不斷要求供應商降價，向供應商要利潤，對企業本身來說無疑是有利的。但為了保持與供應商長期密切的合作關係，要求供應商降價的前提是要瞭解供應商的成本，過分強調降價會損害雙方的合作關係。

供應商總是因為這樣或那樣的原因，不斷提高供貨價格。如果企業總是默默承受的話，利潤就會白白流失。

實際上，產品的定價並不一定依據成本，而是由市場承受力決定的！對很多產品而言，砍掉 15%或以上都是可行的，供應商的利潤比你想像的要多得多。而對服務來說，至少可以砍掉 30%，因為服務除了場地和人員薪資之外，幾乎沒有大筆的固定成本，因此，即使砍掉 30%，供應商還是有錢賺。

被稱為「拔光你尾巴上的毛」的日本松下電器公司，每年都要求供應商降價。松下總是這樣對供應商說：「你們的利潤太高了，再讓一步怎樣？」或者是「你的某項支出太高了，控制一下還可以降低！」

松下甚至要求供應商提供年度結算資料讓其審查，如果供應商拿著摻了水分的資料說：「如果再降價，我們就會虧本了。」松下電器就會亮出殺手鐧：「那你們就不用交貨了！」

供應商賣東西總是希望價格越高越好，而顧客卻要求不斷降低價格，企業怎樣才能迫使供應商降低價格呢？通常可以採取以下策略：

1. 貨比三家，虛探價格。

2. 向供應商展示自己的實力，從某種程度上來講這是個自我包裝的過程，要讓供應商知道你的企業是長期並且大量要貨。與此同時要向供應商說明自己當前的困難，但要給他造成印象——現在的困難只是暫時的，因為企業很有實力。

3. 挑產品的毛病，學會「雞蛋裏挑骨頭」。這點往往很有效，沒有產品是完美的。

4. 有一些口才好的人在旁邊煽風點火。

通常來說，價格與成本沒有直接的關係，追求利潤是所有企業的最終目的，因此，別指望供應商會主動爲你降價，最低價永遠都是靠自己爭取的。無論面對怎樣的供應商，直接將報價削減掉 15%，是爲自己企業降低成本的有效方法。

心得欄

46

「採購專家」助你一臂之力

國際採購專家瑞士阿爾伯特丁·蓋瑟爾在《採購與利潤》一書中這樣寫道:「採購者應對生產總成本的一半負責。因此,公司的成功明顯地受到了採購者在工作表現、發展潛力、談判技巧、創造力、協同工作能力以及在商業過程中積極配合能力等方面的影響。」

以沃爾瑪為例,它採用「天天低價」的策略,所以必須在全世界範圍內尋找更加廉價的供應商,以不斷削減成本。其全球供貨網路約有 1 萬個供應商,但他們面臨同樣的壓力:與沃爾瑪的採購專家討價還價,深深體會它的「吝嗇」。

在製造業發達的地區,沃爾碼採購專家們像獵犬一樣在尋找價格更低的商品。

這些採購專家在談判桌上非常專業,而且態度強硬。他們會由一雙襪子需要多少紗線,紗線需要多少成本來推算襪子的成本,所以價格壓得很低。因此,供應商經常抱怨:「我們被壓榨得幾乎沒有一點利潤了。」

但當面對沃爾瑪拋出的巨大定單時,這些企業幾乎都不能抵抗它的誘惑。大多數供應商都相信,抓住這個大終端,工廠

可以繼續全面開工、保持穩定的產量，而其他合作管道都會迎刃而解。

採購專家必須具備涉及工程技術、生產製造、成本會計、品質保障以及團隊動力等多方面的知識。例如，採購部需要根據零件的開發計劃，按選擇供應商的原則確定預選供應商，然後組織研發、技術、品質保障等相關部門對該供應商進行評估，選定供應商。

採購專家不但瞭解產品的來龍去脈，更知道整體和個別服務的成本，有時候，他們對於產品的各種生產元素和整體運作的瞭解，比供應商本身還更深。由於熟悉供應商的運作方式與工作流程，所以採購專家可以將供應商的價格壓至最低。

H公司聘請了一位經驗豐富的砍價專家Z，他只對總經理負責，而且只負責全部採購合約，這些合約簽訂完畢都要經過他審計和簽字。Z把H公司平常所使用的原材料、所採用的主要產品全部都編入數據庫。

Z做事嚴謹，注重細節，他往往會要求供應商提交每一項單價的成本並對其進行分析。例如，公司要買一張辦公台，Z會要求供應商提供辦公台的材料費用、人工費用、運輸費用、工時費用，包括做這張辦公台需要什麼油漆等，Z會對每一項單價進行審核。

H公司一年的採購額是5000萬，在Z的努力下H公司節省了10%的成本，即500萬，而Z的年薪是工0萬。

很顯然，花較低的代價聘請採購專家對企業的採購進行監管，從而大幅降低採購成本，這對企業來說是一項值得投資的事情。

　　另外，採購專家的工作不僅在於降低產品價格，更在於讓企業能夠以最低成本取得產品，因此他們不僅與供應商討價還價，更努力在運輸、倉儲、包裝、副產品生產等方面動腦筋。設法將變動成本及風險轉嫁給供應商，這才是他們的厲害之處。

　　今年42歲的布萊克先生具有極其豐富的採購經驗，曾擔任大眾汽車集團全球電子電氣產品採購部執行經理多年，直接領導著一個由 200 多名訓練有素的採購人員組成的跨國採購網路，每年採購金額超過110億美元。

　　作為一位出色的全球採購專家，布萊克對轎車零件的成本價格構成「瞭若指掌」，十分清醒地認識到努力降低成本是一家企業生存、發展的生命線。

　　去年，向全球採購了1000億元台幣的零件與設備，種類多達4000多種，全球供應商達到300人。在保證這些供應商的產品質量達標的前提下，如何儘量降低採購成本至關重要，這直接關係到上海大眾終端產品的市場競爭力如何，性能價格比能否得到汽車用戶的認同。

47

要苛刻審核每一筆支出

一個企業就像一艘出海捕魚的船，老總負責掌舵，營銷部門負責打魚撒網，而財務部門則負責編織大網，每一個網孔都必須又細又密，這樣才能網住更多的魚，否則一項一項的開支就像一條條漏網的魚，從財務的眼中溜之大吉。

如果我們日常注意一下，會發現火車站、地下通道等公共場所經常有一些人在低價兜售假髮票或過期車票，且有人買走；另外，不少飛機票打折出售，而機票票面金額仍是原價，結果出差人員堂而皇之以原價報銷，發筆「小財」。

這些報銷鑽空子的行為與某些財務人員鬆懈、財務制度不健全、報銷審查、審計把關不嚴等有關。其實差旅費審查並不複雜，什麼人什麼時間乘什麼車次到什麼地方出差，有關方面應該心中有數。至於機票淡季打折已是公開的秘密，大家也心知肚明。有的財務人員在報銷審查時可能礙於情面，睜一隻眼閉一隻眼，覺得幾十、幾百元，能相差多少？因此大筆一揮，肥了一些私人的腰包。

SS 公司要求到外地出差的主管，都不要利用直撥電話與公司聯繫，而是在電話號碼前加撥幾個數字。例如在國內的其他

省份出差加撥 17909，在國外多撥 7 個號碼，公司可因此省下
一大筆錢。

　　為瞭解公司主管是否確實遵行，SS 公司的財務人員抽查了
某次到歐洲出差的部門主管。結果發現，該主管使用了直撥電
話，如果他不使用直撥電話，SS 公司將在國際電話費用上節省
7200 元。

　　財務總監在會議上將這個結果公佈出來，這樣做不只傳達
了費用支出降低的必要性，更讓他們瞭解到，公司對任何一件
事都不放過。這種威嚇的效果絕對超乎想像，因為很快每個人
都會知道這個資訊，而且絕對不只包含直撥電話。

　　財務稽核人員應認真審核每一張票據，嚴格控制每一筆支
出，對不真實不合理的開支不留情面，拒絕報銷，而不是只停
留在口頭。如果遇到有不明白的開支票據或有疑問的收入金
額，馬上向票據的每一個經手人仔細詢問，直到收入支出完全
無誤，才能在票據上蓋下審核章。

　　財務人員 G 每次看到尾數為 0 的整數帳單時，不管是 100
或是 10000，都會想要一探究竟。最近該公司的一個主管到一
家休閒度假中心召開了會議，會議結束結算費用時，電話費帳
單竟然恰好是 800 元。

　　G 立刻警覺到這有些不對勁，電話帳單絕對不可能剛好是
800 元這個整數，一定有人把這個數字的尾數做了調整，所以
要求度假中心列出明細。結果發現，該度假中心確實為了使帳
單湊成整數，而對某些長途電話收取了額外的費用。

　　財務人員對於費用報銷中的各項支出項目都必須做好監
督，防止某些不自律的人員鑽空子，因為報銷也是獲取收入的

一種手段。如果事到臨頭怕唱「黑臉」得罪人，或者妥協，久而久之，這樣的缺口會越來越大，「魚」都溜走的話，企業就危險了。

　　另外，絕對不能讓員工隨便填一份表就可以拿到錢，財務部可以把請款手續搞得儘量繁瑣一些，讓四個或者五個相關的部門負責人進行審批。監督的人多了，員工們申請的時候就會仔細考慮是否真的必須開支，有很多費用會因為手續繁瑣而被員工主動刪除掉。

心得欄

48

先砍成本，再解決問題

一個銷售公司老闆在實施成本精簡政策時遇到了困難，因為在過去銷售狀況良好的時候，他和員工根本不在乎費用的多寡，公司利潤很高，多花費一些絕對不是問題。然而，現在境況不好，該老闆意識到公司必須要用好每一分錢。

他說：「由儉入奢易，由奢返儉難啊！公司裏的人似乎都不相信我會實行『新簡樸政策』，他們認為那只適用於別人，不適合自己……」

相信類似情況不只發生在這家公司身上，要在原來正常的營運軌道上做一個急劇的大轉彎，絕對不容易，尤其當這種改變會讓公司優秀人才感到痛苦時，那更是難上加難。就像許多公司主管一樣，這位老板正掙扎於降低成本又不會打擊員工士氣的兩難之中。

事實上，員工會比想像中更容易接受這些改變，並很快按照公司的相關制度執行，幾個月之後，這種改變會變成他們的習慣。例如，將原來 6 個人的後勤部改為 4 人，開始時他們會抱怨人手緊張。但很快地，他們會自動去分擔原來那 2 個人的工作，並且按時完成原來 6 個人才能完成的工作。

企業應該先砍成本，然後再解決問題。將「減肥」的目標確定下來，其他的工作就可以交由員工自己去完成了。

為了減少開支，F 玩具公司將保安部的人員減少了一半。對於公司的決定，反抗是沒有用的，於是有員工想出了一個好辦法：養 2 條兇猛的狗來替代夜間的警衛。

這聽起來有點不可思議，不過用狗在夜間巡視工廠確實有它的長處。原來每晚由 4 個保安值班，現在改為 2 個保安和 2 條狗。用狗來搭配警衛人員，真不失為一種好方法，不但可以降低企業的成本，更能做好工廠夜間的防護工作。

企業的開支就像海綿裏的水，只要用力去擠，總會擠出來一些。對於各項開支，我們都可以大膽去「砍」，遇到什麼問題再想辦法解決，「因為解決問題的方法，總比問題要多」。

很多時候，企業的高層管理者只需要做好削減成本的計劃，然後讓主管們實施執行就可以了。主管們會對本部門存在的重覆、浪費、不必要的費用進行大力削減。就算萬一高層管理者所定的節儉目標太過分，也沒有問題，因為我們還可以隨時改正過來。但相反地，如果成本沒有及時削減，錢就白花花地流走了，不可能會有挽回的機會。

削減成本與增加成本就像兩股對沖的浪潮，那一方的力量薄弱，就會被另一方傾覆。因此，堅定地削減成本，並堅持先砍成本，再解決問題，才能有力地阻止成本的增加。

49

要現金不要應收賬款

一家產銷兩旺、如日中天的企業突然就瀕臨倒閉,是市場不景氣嗎?是產品不受歡迎嗎?是技術落伍了嗎?還是市場競爭力下滑?都不是!忽視了潛在的財務危機,遭遇了「現金荒」才是導致這一悲劇的根源。

一家食品企業自 1992 年成立以來,業務逐年攀升,到 1998 年,銷售額過億元,到 2003 年銷售額超 10 億元。

然而,讓企業股東和經營者不解的是,1998 年前,隨著銷售額的增加,利潤和利潤率都逐年升高;可是自 2000 年以來,銷售額越來越高,利潤和利潤率卻越來越低,資金也越來越緊張。

從表面看,一切紅紅火火,實際上是到處焦頭爛額。造成這種結果的原因是什麼呢?

原來,作為一家食品企業,整個公司不斷開發新項目,到處都顯得忙忙碌碌,看上去公司很賺錢,給外界的印象就是如此。但是,當所有賬目結果出來後卻讓人震驚,帳面上幾乎都是庫存和應收賬款,企業眼中輝煌的 2001 年居然是虧損。

在買方市場的大環境下,大部份企業都以賒銷作為其經營

的主要方式和管理的重要內容。現有條件下應收款項所有權屬
於企業，但其主動權往往由債務單位控制。因此，應收款項已
演變成一種財務風險。

很多企業為了擴大銷售，片面追求市場的佔有率，造成應
收賬款居高不下，其實質就是潛在的壞賬「黑洞」，應收賬款拖
欠已是目前很多企業被拖垮的重要原因之一。因此，企業應該
清醒地認識到，應收賬款與現金收入之間還有很大的差距，現
金收入是多多益善，而應收賬款則要嚴格管理和控制。

在現代社會激烈的競爭機制下，企業為了擴大市場佔有
率，不但要在成本、價格上下功夫，而且必須大量地運用商業
信用促銷。但是，某些企業的風險防範意識不強，為了擴銷，
在事先未對付款人資信情況做深入調查的情況下，盲目地採用
賒銷策略去爭奪市場，只重視帳面的高利潤，忽視了大量被客
戶拖欠佔用的流動資金能否及時收回的問題。

在某些實行職工薪資總額與經濟效益掛鈎的企業中，銷售
人員為了個人利益，只關心銷售任務的完成，採取賒銷、回扣
等手段強銷商品，使應收賬款大幅度上升，而對這部份應收賬
款，企業未要求相關部門和經銷人員全權負責追款，導致應收
賬款大量沉積，給企業經營背上了沉重的包袱。

企業信用政策制訂不合理，日常控制不規範，追討欠款工
作不得力等因素都有可能導致自身蒙受風險和損失。

應收款項問題，就像長在公司心腹之間的一塊腫瘤，如果
能夠收回來，那就是良性的；如果收不回來，就有可能成為癌，
說不準什麼時候就會給公司帶來滅頂之災。所以對於應收賬
款，只有儘快收回來，才能成為真正的營業收入。

50

爭取儘量長的付款期

在採購物品或服務時，我們需要與各種各樣的供應商以及潛在客戶談判，要想降低公司的採購成本，必須儘量爭取對公司有利的條件，包括爭取儘量長的付款期；如果是大宗交易則儘量爭取分期付款或延期付款的方式。

也就是說，有時就算有錢也要裝窮，能拖則儘量拖。一筆應付賬款的償還，對於本企業而言是現金流出，對於供應商而言是現金流入。當對企業的資金成本、信譽等沒有負面影響，或經權衡認爲負面影響小於可能帶來的效益時，企業一定會爭取少付款或晚付款，以便最大限度地利用這筆資金。

爭取一定時間的付款期，延遲付款，對於一個企業來說具有多麼重要的意義。因爲只要一天不需要付出現金，企業就有更多的週旋餘地，爭取儘量長的付款期，是企業降低成本的一個常用方法。

由於市場狀況急轉直下，Q公司的新任總經理P改變了以前現金進貨的做法，一次又一次地與供應商談判，堅持要一個半月後才付款，否則寧願更換新的供應商。爲了不失去Q公司這個客戶，供應商最終還是答應多等一段時間再收回貨款。

經過 P 的努力，原來的幾家供應商都同意給 Q 公司一定的付款期限，這種推遲付款的做法有效緩解了 Q 公司的資金週轉壓力，讓他們安全度過了低谷期。

目前市場競爭日趨激烈，延遲付款對於很多供應商來說，都是可以接受的。因此，企業應該爭取儘量長的付款期，以增加企業的流動資金。延遲付款，先是 30 天，45 天，然後是 2 ～6 個月，大多數供應商都是拖得起的。

總之，如果供應商催款不超過 2 次，我們就再拖一下。你會驚喜地發現，有些供應商甚至過了 2 年才想起讓你付款。

心得欄 ┄┄┄┄┄┄┄┄┄┄┄┄┄┄┄┄┄┄┄┄┄┄┄┄┄┄┄
┄┄┄┄┄┄┄┄┄┄┄┄┄┄┄┄┄┄┄┄┄┄┄┄┄┄┄┄┄┄┄
┄┄┄┄┄┄┄┄┄┄┄┄┄┄┄┄┄┄┄┄┄┄┄┄┄┄┄┄┄┄┄
┄┄┄┄┄┄┄┄┄┄┄┄┄┄┄┄┄┄┄┄┄┄┄┄┄┄┄┄┄┄┄
┄┄┄┄┄┄┄┄┄┄┄┄┄┄┄┄┄┄┄┄┄┄┄┄┄┄┄┄┄┄┄
┄┄┄┄┄┄┄┄┄┄┄┄┄┄┄┄┄┄┄┄┄┄┄┄┄┄┄┄┄┄┄

51

實行移動辦公，縮減辦公室租金

··

　　一位跨國企業的總經理在談到寫字樓辦公成本時曾經透露，分攤在他們公司每名員工身上的辦公租金、各種水電資源費、維護費每年要達到 8000 多美元(不含年薪)。在成本與利潤的重壓下，任何老闆都會對降低高昂的辦公費用感興趣。

　　前兩年，由於網路業股票價格大跌和矽谷房租偏高等因素，美國許多高技術公司為了降低成本而從矽谷遷往加州首府薩克拉門托等地。

　　高科技公司遷出矽谷的主要目的是可以節省大量的經營費用。因為矽谷的商業用房租金平均為每平方英尺 7～8 美元，而薩克拉門托僅為 1～2 美元。

　　以從矽谷遷往薩克拉門托的因斯韋布公司為例，該公司在矽谷的房租為每平方英尺 7 美元，遷到薩克拉門托後房租降為 1.6 美元，僅此一項兩年內可節省 1000 多萬美元。

　　企業若在大城市的中央商務區高檔寫字樓辦公，雖然有商業氣氛濃厚、交通便利、人氣旺盛等優點，但每月都必須承受高昂的辦公室租金費用。如果能實現辦公室效用的最大化，減少辦公室的租用面積，那麼就相當於降低了每月固定的房租成

本。

目前，很多企業職員花費在辦公室之外的時間越來越多，而有的業務要分散執行，公司的職員們也分散在總部、分部和各種商務活動之中。「移動辦公」已成爲提高企業工作效率、促進業務反饋的有效途徑。

要確保整個企業始終保持旺盛的「生產」能力，就應該使企業的每個成員無論身在何處都能夠與企業保持聯絡並能進行有效的工作。這樣企業的員工就可以不受傳統辦公的固定模式限制，即使在辦公室外部、路上甚至是家裏都能持續工作，從而在日益激烈的商業大潮中保持強勁的競爭力。

在惠普大廈的辦公室裏，經常可以見到這樣的「風景」：有人風風火火地沖進電梯，左手握著手機，右手舉著無繩電話旁若無人地談著業務；有人正坐在咖啡間一邊「擺弄」筆記本電腦一邊喝熱飲。

甚至惠普的總裁走進惠普大廈後，第一件事就是尋找自己今天的辦公位子。身份如此顯赫的惠普總裁竟然沒有一間屬於自己的辦公室！因為總裁把自己劃在了「出差較多，不需要固定位子」的員工行列。惠普公司按照 3：1 的比例只給這個 600餘人的隊伍配備了 200 個辦公位子。

開放性的移動辦公形式不僅使部門間的溝通變得很容易，還令員工感覺非常自由、自我，大大提高了工作效率。更重要的是公司因此節省了大筆開支：原來 8 個樓層容納了 700多名員工，現在有 1100 名員工在這裏工作。

房租永遠是惠普這類高科技大公司成本中的第一位，實現移動辦公至少為惠普節省了 1/4 的辦公面積。

移動辦公的確爲公司節儉了大量的運營成本，惠普如此，IBM 如此，思科也不例外。思科公司總部辦公樓在北京東方廣場東一樓 19～21 層，此前在西一辦公樓也有 2 層，後來合併過來一起辦公，仍然共用這 3 層辦公室。

公司推行移動辦公計劃，60%的員工沒有固定位置。在東方廣場這樣的地段，少租兩層辦公樓節省的資金可不是少數。思科還有一些從成立初期就延續下來的文化，比如老闆的辦公室也不過 6 平方米，與普通員工的一樣大。

在一個企業裏，成本與利潤就像蹺蹺板的兩端，此起彼伏，此消彼長。想提高利潤，就必須儘量降低成本。企業的固定成本主要包括房屋租金、員工薪金、水電費、固定設備等幾項，其中房屋租金作爲每個月的固定成本，佔了固定成本中相當高的比例。

因此，實現辦公室效用最大化，減少辦公室租用面積是企業節流的有效途徑，能夠直接降低企業的營運成本，值得廣大企業探討和效仿。

52

減少辦公用品的浪費

企業需要的辦公用品繁雜瑣碎，大到一套辦公桌椅、一個文件櫃，小到一支筆、一張便箋條，遺漏其中任何一項物品都會給辦公帶來不便。所謂「小數怕長計」，每一項辦公用品的單價可能不是很高，但長期累計下來也是一筆很大的支出。

因此，每個員工都應該節儉使用辦公用品，從自己做起，從小事做起，儘量減少辦公用品的浪費，這也是為公司節流的一個有效途徑。

在購買辦公用品時，很多原因都可能造成浪費。例如，一個能說會道的推銷員，很可能讓你買下根本用不著的東西，有些人買辦公用品總是花高價一件一件買，或者等到辦公必需品用光了，才急急忙忙去訂，還得為加急多付錢；要麼就是在購貨時，從不貨比三家。

要避免辦公用品的浪費，方法有很多。首先，要控制辦公用品的開支，需要建立一個簡單的系統，用以掌握公司的採購和存貨情況，列出常用物品清單以及應該保持的存貨量。固定從一個地方進貨，這樣就可以享受整量折扣。另外，應指定專人負責所有的訂貨。

H公司的主管指出,傳真時所附的封面,大部份只會造成紙張與電話費的浪費。很少有人會將重要的資訊寫在傳真封面上,大部份人只在上面寫著:「請傳給某人……」,所以他發明了傳真戳章。

現在,H公司會在文件的第1頁上,蓋上傳真戳章,然後填入相關資料(如姓名、日期、傳真電話、頁數等)。這個建議在第1年就為H公司省下4萬元。

設計一種公司內部使用的領料單。低值、易耗的物品一次訂全年的用量,因為大量訂貨既能降低價格,還能避免反覆訂貨。對季節性訂貨(如節日賀卡)應提早做好計劃,以便爭取到最好的價格。物資要存放在一個地方,散裝的貨物應加鎖。每份訂貨單都要按類別留底,貨到以後再逐項核對。

其次,使用購物單也可以有效控制辦公用品的成本。注意成本控制的公司,很少有不用購物單購貨的。但也有很多公司,特別是發展迅速的公司,常常將其視為多餘的手續。應該購買標準的購物單,並對誰有權使用有嚴格的規定。

手續是多了,但本質不同。實行購物單制度有助於在一個地方購物、由一個人掌握開支。不要讓部門或個人自己去採購,那是效率極低的做法。

北京奧運會組委會本著節儉的原則,對辦公用品的採購支出,能租用就租用,能用舊的就用舊的。北京奧運會組委會的很多辦公桌椅是租用的,1/3左右的電腦還是申辦時留下的。

從去年開始,北京奧運會組委會還實行了集中採購。通過對辦公電腦、印表機、影印機、傳真機等的集中採購,減少了1/5的採購支出。

另外，如果公司不介意的話，為降低成本還可以採購一些二手的辦公用品，例如二手電腦、影印機等設備。如果選用一些二手的桌椅、屏風，那麼裝修一間辦公室花 5000 元錢可能就夠了，而同樣的東西，新的必須得花 5 倍的價錢。

留意當地報紙上公司清盤或拍賣的消息，很多二手的辦公用品都以很低的價格出售。在購買之前先瞭解所感興趣的用品的市場零售價，而且注意在現場不要被誤導，認準什麼價錢最合理，不要多花一分錢。

戴爾公司擁有最響亮的電腦品牌、提供超值的價格及產品、完善的個性化電腦組裝服務。其創辦 A 邁克爾·戴爾 (Michael Dell)更是一位商業奇才，不足四十歲，已躋身福布斯億萬富翁榜第十一名，擁有資產一百多億美元。

但從小公司起家的戴爾公司，為避免辦公費用膨脹，從來都只買二手傢俱。

總之，節儉使用辦公用品，杜絕浪費現象，從節儉一張紙一支筆開始，發揮個人的主觀能動性，為企業節儉辦公用品獻計獻策，是每個員工都應該盡的義務。

減少辦公用品浪費的方法：

1. 一般辦公室中用電都比較浪費，可將裝有四支燈管的照明設備拆下兩支，大都不會影響照明度，但可節省一半電費。

2. 儘量使用再生紙，影印時盡可能使用雙面，並適量印刷，以減少紙張消耗，用過的牛皮紙袋，將書寫文字的地方用紙貼住，仍可繼續使用。

3. 使用回紋針、大頭針、釘書機來取代含苯的膠水，儘量使用鉛筆(寫錯了，用橡皮擦掉)，如此可減少修正液的使用，

避免污染環境和損害人體。

4. 自己帶水杯上班，而不使用一次性杯子；多用手帕擦汗，以減少衛生紙、面紙的浪費。這樣一來不但減少了垃圾量，還可省下一筆可觀的開支和許多資源。

5. 與同事共同發起辦公室資源(如玻璃、廢紙、鐵鋁罐)回收計劃，鼓勵資源回收，並主動設置回收箱，最後將回收物放在指定點，以便清潔工人收集。

6. 平時多收集愛惜資源、保護環境的資訊，給公司同事傳閱，或公佈於公告欄，灌輸這方面的觀念。

7. 節儉用水不僅限於家庭，在辦公室內也應實施，例如改善衛浴沖水設備、改裝氣壓式水龍頭等，均為簡單易行的方法。

心得欄 ----------------------------

巧妙降低差旅費

據統計，不管企業大小與否，差旅費用的支出在通常情況下約佔公司營業費用的 5%～10%。對大多數公司而言，差旅和娛樂費用位居各項費用的第二或第三，是繼薪資和 IT 費用之後的第三大支出項目。如何尋求更好的途徑和方式來控制差旅費用支出，降低企業的成本，已經成為越來越多的老闆關心的問題。

企業的差旅費用是人力資源成本之外的第二大可控成本。能否有效控制這部份成本將直接影響企業的盈利能力，反映企業的管理水準。

1.以實際行動節儉差旅費

每個員工都應該視公司為家，樹立「節儉光榮、浪費可恥」的觀念，摒棄對浪費現象放任自流、熟視無睹的冷漠心態，養成勤儉節儉的良好習慣，增強成本意識。

從節儉一角電話費、節儉一元差旅費、節儉一次招待費等細微之處著手，從平時不太注意、不太關心的種種浪費現象改起，齊心協力，積少成多，以實際行動有效降低差旅成本，形成「人人講節儉、事事講成本」的良好氣氛。

沃爾瑪的創始人山姆・沃爾頓非常節儉，出差時經常和別人同住一個房間，因此沃爾瑪的員工自然不能例外，還不斷把「老爺子」的傳統發揚光大。

在召開「2001年沃爾瑪」年會的時候，來自全國各地經理級以上的代表所住的不過是某某招待所，雖然能夠洗澡，但是肯定不帶星級。而且每次開新店之前，都會有建設隊的美國專家從總部趕來幫助建店，這些專家住的也不過是三星級賓館，而且開店第二天立刻就走人——多待一天可就多一天開支呀！

2.採用專業差旅管理公司

據《商業旅行新聞》的資料顯示，專業差旅服務長期、全程並且度身定制的管理可爲公司節省 50%以上的成本，並且在保證差旅數量和質量的前提下，減少行政部門的工作負擔，以及人員佔用，使差旅更高效便捷和舒適。

以下的兩個簡單步驟可以立刻爲企業省下大筆差旅費用：

---

1. 與一個業績好的旅行社合作，把所有的旅行活動都交給他們安排。這樣的旅行社能幫助你的公司管理旅行開支，找出節省開支的途徑。他們就像是專門從旅行費、交際費中省錢的警犬，能從一大堆航空公司裏挑出最好的價位，拿到最佳的酒店折扣，聯繫到最實惠的租車服務。

2. 與商務客戶打交道多的旅行公司，每月都會提交給你公司的旅行開支情況以及如何節省開支的分析。他們會把當月公佈的票價和酒店房價與你公司的開支進行比較，便於隨時查驗旅行開支。

　　長期以來，企事業單位習慣於依靠行政或後勤人員來辦理差旅，自己訂酒店、提款、買票、報銷，事事親歷親為。但這些負責差旅的職員往往還要兼管其他許多事情，比如採購辦公用品等，日常工作中難以投入足夠的時間和精力去研究差旅方面的情況，因此企業存在多付差旅費的風險。

　　西方國家卻習慣另一種簡約作風：德國政府每年通過招標，選擇兩家旅行社負責政府部門的政務旅行安排；澳大利亞政府也是每年一次招標，中標的旅行社負責政府全年的旅行活動——把自己的差旅費用和管理全部交給專業的管理公司，這就是差旅管理。

　　選用差旅管理公司提供「差旅管家」服務，他們通常能提供「量體裁衣」、「差旅管家」、「透明賬簿」等適合企業消費的服務方式，甚至可按年收取管理費或交易費，然後把佣金返還給客戶。差旅管理公司可以將差旅費和娛樂費用降低 5%到25%，再通過網上工具和電子數據轉移系統，將管理成本降低25%到 75%。

　　因此，企業可以與若干家比較有實力的旅行社磋商，甚至採用競標的形式確定一家可靠的合作夥伴，然後在一段時期內固定由該旅行社來管理差旅事務，以便增加差旅次數獲得批量的優勢減低費率，享受專業的服務和優惠的付款信用。

　　美國的羅森布魯斯國際商務旅行管理公司是全球最專業的「差旅管家」之一。它對差旅管理服務費的收取方案有三種。

　　方案一，預計客戶今年會有 1000 萬元的差旅費用，而通過羅森公司的服務最終只花了 900 萬元，節省了 10%的費用。根據協定，羅森公司收取實際費用的 1%或 2%，最終替客戶省去

了 9%左右的差旅支出。

　　方案二，羅森公司承諾可以幫客戶節省 10%的費用，如果達到了目標，可收取 2%的服務費。

　　方案三，預計年終可以替客戶節省 10%，結果節省了 20%，預先承諾的 10%部份不收費，而另外的 10%則五五分成。

　　羅森公司提出的三套方案都非常誘人，因爲是建立在雙贏的基礎之上。道理其實非常簡單，旅行社由於常年經營旅遊項目，通過規模化的採購可以從航空公司、酒店，以及其他許多供應商那裏得到更多優惠，從而降低公務旅行的行政和商務成本。

3. 運用遠端視頻會議系統

　　除了與專門的差旅管理公司合作來降低差旅費成本之外，還可以通過建立「遠端視頻會議系統」來實現。「遠端視頻會議系統」作爲一種新的通信方式，有著無可比擬的優越性。它不僅彌補了傳統電話交流的缺憾，而且更符合當今社會人們分散活動和高速高效活動的特點，實現了真正交互的聽與說。

　　T 公司目前擁有 20 多個分支機構，公司之間的來往非常密切，員工需經常往返之間，召開各種會議。在出差費用上，僅一年的差旅費就要 200 多萬元。

　　一年前，T 公司聘請 L 技術公司在其子公司與母公司之間搭起視頻通信平台，以減少其差旅費，降低運營成本。根據 T 企業特點，L 公司提供了 VPN 視頻通信解決方案，方案讓該公司實現了異地即時視覺化交流，不僅員工得到了及時交流，同時減少了出差的頻率，還爲企業節省了高額的差旅費用。

　　該方案的實施費用僅相當於 T 公司一年的差旅費，而在後

期運營上，將為 T 公司節儉大量的支出。

　　隨著市場競爭程度的加劇，「遠端視頻會議系統」不但有利於各分公司之間資訊的及時溝通，提高工作效率，提升管理水準，還能降低企業運作成本，節省大量差旅費用。

心得欄

54

為公司省錢也能成為英雄

　　一個優秀的員工不但要盡力為企業賺錢，還要懂得如何為企業省錢。員工與企業之間有著一榮俱榮、一損俱損的密切關係，所以我們應該將為公司省錢變成一種習慣，這會讓你在工作的過程中學到更多的知識、積累更多的經驗並獲得快樂；同時還會獲得上級的贊許、老闆的器重，並將獲得更多升遷和獎勵的機會。

　　張立是一家企業的部門經理，上個月他收到了總裁的一封信：你好！我很高興你的部門只用了三個月時間就成功地完成了企劃案，並為公司省了 63%的費用！這份禮物是為了獎勵你們出色的表現，感謝你們為公司做出的貢獻！

　　企業要持續經營就必須盈利，如果沒有盈利，那些溫情脈脈、似隱似顯的想法只能是紙上談兵，無法實現。所以，無論是創造銷售收入的營銷部門，還是提供相關支援的產品研發、人事行政等部門，每一位員工都應該樹立為公司省錢的觀念。

　　20 年前，戴爾自己挨家挨戶推銷電腦，他當時的夢想就是和 IBM 這樣的業界巨頭平起平坐，如今，他的身價已達到 170 億美元，員工總數超過 4 萬人。

　　在戴爾，利潤永遠是「硬道理」。戴爾毫不隱諱地說，他希望每個員工都能想到如何將手中的一分硬幣變成兩毛五分錢。和其他資訊產業的老闆不同，戴爾總是期待自己的產品能夠在推出之後的第一天就賺錢。

　　1999 年，戴爾歐洲公司銷售增長勢頭驚人，但盈利卻不如預期，戴爾立即將歐洲區主管炒了魷魚，因為「成本還沒有降低到可以接受的地步」。戴爾的競爭優勢在於價格，而要在低價競爭的策略下獲得盈利，最簡單的辦法就是削減成本。

　　戴爾公司的新任首席執行官凱文·羅林斯稱：「在其他公司，如果你發明了一個新產品，你就會被當成英雄。而在戴爾公司，你要想成為英雄，就得先學會如何為公司省錢。」

　　對於要求員工養成節儉的習慣，愛普生公司的總裁這樣說：「節儉下來的錢其實是微不足道的，但這樣做可以幫助員工樹立樸素求真的觀念與作風，這才是對一個大公司至關重要的。」

　　事實證明，無論是世界級大富翁，還是著名的大企業，節儉省錢是他們成功的重要原因之一。如果不能爲企業開源，那爲企業省錢，一樣可以成爲企業的英雄！

55

節流從簡化管理架構開始

　　我們從報紙或電視上經常看到這樣的報導：甲公司裁減了 2000 人，對正常的運作一點影響也沒有；乙公司裁減了 300 名業務人員，照樣穩定成長；當某家大型公司宣佈要大量裁員時，投資者通常會說：「現在是進場的時候了！」然後開始炒作。這就是精簡機構背後的真正意義，它會迫使企業把心思放在早該注意的成本上面。

　　20 世紀 80 年代初，美國通用電器公司有 100 多個副主席，500 多個高級管理人員，大約 2500 個管理者，在最高層與一線的生產工廠之間有多達 12 個管理層，其子公司共有 60 多個，使整個組織沒有足夠開放性，溝通困難。

　　通過組織扁平化設計，通用電氣逐漸將 60 多個子公司精簡到 11 家相對獨立的部門公司，因此在日趨激烈的競爭中能夠戰勝競爭對手，成為世界 500 強之一。

　　無論是政府機構還是企事業單位，機構龐大、人浮於事、效率低下等現象都相當嚴重。在當前經濟蕭條的嚴酷形勢下，解決這一問題的根本辦法是精簡機構，而其本質則是精簡人員。通過改革，員工的整體素質可以得到明顯改善和提高，企

業團隊的知識結構和層次也會有較大提高。

由於日本是一個保留著很多傳統倫理觀念的東方國家，大量失業不能被社會接受。因此日本企業在精簡人員時，沒有採取美國式的大量解僱的方式，而是通過流動、調整的方式來實現。日本的成功經驗非常值得企業借鑑。

企業精簡機構的目的是為了降低成本以及提高工作效率，如果缺少了其中任何一條都不能算作是成功的精簡。

金屬沖壓 D 公司出現了大幅虧損，形勢每況愈下。為遏制這種勢頭，企業對自身的經營運作進行了檢查，結果發現工程設計與工廠運營之間的脫節現象極為嚴重。

公司共有 9 名工程師，但是其中只有 2 名定期在生產一線工作，而這 2 人卻不參加工程設計工作。這 2 位工程師向一個屬下根本沒有其他人員的領導彙報工作，這位領導把情況再彙報給自己的上級，而他的上級手下也都沒有其他人員。

D 公司迅速改革了運營系統，聘用了一名新的工程設計經理，把 20 多個項目分派給 9 位工程師分別負責，企業的組織結構實現了扁平化，從而提高了效率。

森嚴的等級制度會使企業喪失活力，管理人員因此閉目塞聽，人浮於事。要加快企業的反應速度，必須進行企業結構改革，取消中間環節。但在改革的過程中，很多人會猶豫不前，抱怨這樣做會失去對企業的控制，但事實上只有經歷短暫的改革陣痛，企業團隊才能最終走向成熟。

層次過多可能會給企業帶來井井有條的假像，但實際上管理效率更加低下。應當把下屬人數在 4 人以下的管理職位統統取消，這種人員的工作量不足，反而會無事生非。

2004 年的歲末，台北的寒冬和景氣都冷到了最穀底，位於忠孝東路上統一星巴克的總部，也可以感受到這股寒意。

「因為經濟不景氣，要創造利潤，只有靠節流，」統一星巴克總經理指出。他在兩年前就已預感到經濟狀況會變壞，於是在組織和營運上先行因應，例如縮減部門數，從五個變成兩個，與房東協商差不多降低 20%的房租，淘汰績效差的店留下績效好的店，以及和統一流通集團資源整合等等，才使去年的獲利大幅增長。

在一片不景氣中，統一星巴克去年業績依然增長 30%，全省分店從 78 家增加到 101 家，營運總部的人手卻沒有增加，各項成本支出也明顯下降。

很多公司都可以將核心部門集中起來統一管理，即把那些過去專為單一產品或分公司服務的職能部門集中起來，為多個產品或分公司服務。這種合併可以為公司帶來諸多好處。

首先，更容易吸引高級人才的加盟，因為這些人到時管理的是一個預算龐大、員工眾多的大部門，這讓他們在心理上覺得非常滿足；其次，它能幫助公司在與買家打交道時，獲取更加優惠的銷售條件，並且有利於跨部門之間的溝通。

值得注意的是，企業達到一定規模時必須牢記一個真理：對人力成本的不合理節儉乃是最大的浪費。

企業倡導「精簡機構」、「減員增效」、「增效不增員」等理念，讓員工滿負荷工作，杜絕一切不必要的人力浪費是對的。但切不可把人力資本的節儉同職責分明、專業分工對立起來。不能僅僅為了滿負荷工作，將一個不具備多種專業素質的人強行派去從事不同的工作，那樣會得不償失。

日本企業精簡人員方法獨到

向中小企業輸送人員

向本集團或相關的中小企業直接輸送人員，由原公司出面與中小企業聯繫，征得職工同意後，將其派遣到新公司工作，薪資差額由原公司補齊。這樣使中小企業獲得了人才，職工本人收入得到了保障，原公司從支付全部薪資變為只支付差額，從而減輕了薪資支付的壓力。

減少綜合人員

對這部份人的精簡大部份企業採取以下三種方法：第一是減少新職員的僱傭；第二是將一部份較有能力的綜合事務性人員抽調到第一線，來代替業務部門的自然減員；第三是將事務性人員逐步改為合約制、計時制或從人才派遣公司僱傭臨時工。

自願提前退休制度

以 50～58 歲的職工為對象，規定凡屬該年齡段的職工，可自願申請提前退休。作為鼓勵措施，由企業向其提供正常退休金之外，再加付一定金額的「提前退休費」。由於這種方式帶上了一些人情味色彩，被人們稱為「優雅的裁員」。

外包業務，更專注於核心工作

　　所謂外包，是指將產品的部份零件甚至整個產品，或者將部份事務，發包給專業公司完成，企業只專注於自己的核心工作。外包業務其實也是企業精簡機構的另一種表現方式。

　　世界通訊業巨頭愛立信公司不再生產手機的消息傳開後，用戶紛紛打電話給該公司，詢問以後手機壞了該如何辦理維修。

　　其實，這是一次有趣的「誤讀事件」。愛立信的原意是由新加坡一家公司為其外包生產手機。愛立信解釋說：我們把最小的一部份，比如生產環節外包出去，技術研發、設計、品牌推廣和市場營銷業務仍由我們自己做，目的是控制成本。

　　在西方國家，這種經營管理手段已經有幾十年歷史了，近年來還成為美國等發達國家大企業的流行做法。作為一家企業，在區分核心業務和非核心業務以後，把非核心業務外包已經成為了一條必由之路。

　　外包業務就是企業把自己經營起來不划算，或者自己不擅長的業務環節，託付給專業公司。這樣做除了能降低企業的成本外，還能使企業把精力、資源和資本集中於中心事物上，能

起到節省成本、提高核心競爭力的作用。由於其在經營上非常科學，因而無論是製造業還是服務業，對非核心技術的產品和服務進行外包正在迅速地增長。

這兩年，由於競爭激烈，絕大多數歐洲公司都在實行或考慮外包業務。數據顯示，由於很多公司將 IT 服務外包給海外的承包商，外包市場業務 2003 年增長了 40%。

研究公司 Gartner 說，越來越多的西歐首席執行官面臨削減成本的壓力，因此他們越來越傾向於使用海外地區廉價而訓練有素的勞動力。印度擁有豐富的具備上述條件的工人，因此獲得了 90%的外包定單收入。

如果不進行外包，意味著這個公司喪失了價格競爭優勢。因此，Gartner 預計 75%的歐洲企業和公司到 2003 年年底將考慮海外外包業務。

外包在不同的行業有著不同的形式。服務行業，如銀行和保險，已經把精力集中於核心事務上，而將其他職能，如 IT、快遞、信件、保安等職能包給第三方實施。也有另一些公司將部份業務外包給聯盟夥伴，這樣雙方(或多方)各自要做的只是自己的核心工作，其他則由富有專業能力的戰略夥伴來完成。

很多公司外包業務只注意到了降低成本，而這只是外包的好處之一，其他好處同樣會給公司帶來實質性的影響。但所有事情都有利有弊，儘管外包能給公司帶來眾多好處，但它也同樣隱藏著成本與風險。

因此，在採用外包策略之前，企業應該詳細考慮和評估，儘量發揮外包的優勢，而採取相關措施規避它的劣勢。例如，很多外包合約相當複雜，有時必須靠專家的幫助才能進行。避

免像有的企業一樣，因為受到長期外包合約的制約而失去競爭
力。

顯然，在確立外包計劃時，最重要的是如何選擇外包供應
商。這是最關鍵的，同時也是最難決定的。選擇外包供應商，
可以從以下兩個重要因素考慮：一是具備相應的專業能力，二
是在成本方面具有優勢。

一個具備相應專業能力的供應商，其能力主要體現在是否
有為業內相關的企業提供相關產品或服務的經驗。如果這個供
應商曾經或正在為業界著名的企業提供同樣的服務，那麼可以
從側面證明其經驗值，畢竟能夠為優秀同行提供相應服務的供
應商是值得信任的。

另外，在成本最優化方面，作為一家提供專業產品或服務
的供應商，其所憑藉的專業規模效應以及相應的資源使用應具
備與之對等的價格競爭力。當然，所謂的價格競爭力是相對於
同等質量的產品及服務而言的。

洗衣機仍然把白色的衣物洗得潔白如新，冰箱裏的冰塊也
不會融化，但是在 90 年代前，家電生產巨頭惠爾浦公司卻很難
贏利。這家總部設在密歇根州本頓港的公司認識到，部份原因
是他們為了把商品從甲地運到乙地，開支過高。由於惠爾浦公
司在美國的 11 家工廠各自處理自己的後勤工作，結果造成供應
路線混亂，成本得不到控制。

經理們意識到，節省開支的一個有效途徑就是把各廠的後
勤工作統一起來。經過與賴德系統公司的分支機構賴德專用後
勤服務公司合作，惠爾浦公司進行了改組，精簡了倉庫和卡車
運輸業務，調整了聯繫各方面工作的電腦系統。

　　賴德公司在合約中保證，惠爾浦公司在 1994 年進貨運輸方面肯定可以達到一個節省開支的比例目標。如果做不到這一點，差額部份將由它來支付。如果超過了這個目標並使惠爾浦公司的贏利超過預定水準，節省的開支將由兩家公司平分。

　　結果在 1994 年，惠爾浦公司把原材料運到工廠所需的費用減少了 10%以上。

　　惠爾浦公司是生產電器的，他們對後勤業務並不精通，而賴德公司是專業提供後勤服務的公司，因此不但可以爲惠爾浦公司提供最好的後勤保障，還可以保證爲惠爾浦節省開支。事實證明，惠爾浦選擇賴德公司是正確的。

　　因爲賴德公司不但具備專業能力，還在成本上具有絕對優勢。同時具備了一個優秀外包供應商應該具備的條件，能夠真正有效地承擔企業的外包業務，並爲惠爾浦公司的經營帶來積極的影響。

外包業務的好處與弊端

1.外包的好處

　　A.成本更低：企業可以得到更加專業化的服務，從而降低營運成本，提高服務質量；

　　B.效率更高：外界專業人士完成工作的能力更強，可以幫助企業提高生產力，加快進入國際市場；

　　C.解放資源：解放非核心事務上的資源，減少員工人數，降低人力及監督成本，提高效率；解決本企業資源有限的問題，更專注於核心業務的發展，使資源得到更充分利用；

D.降低風險：通過外包，公司可以降低一些商業風險，也可以與外包商共同分擔風險；

E.改進對資產的利用：接受外包任務的製造商可以接管公司以前未充分利用的資產。

2.外包的弊端

A.長期外包和缺乏機動的合約使公司失去對外界的控制；

B.對方一旦違約，損失極大；

C.資產發生轉移，並引起財務和稅務問題；

D.時間越久，脫離越難。

心得欄 _____

57

員工培訓是投入產出比最高的投資

在歐美發達國家，員工培訓被認爲是企業最有價值的可增值投資。據權威教育機構統計，企業每投入 1 元用於培訓，便可有 3 元的產出。世界上很多大公司的經驗表明，只有投入大量的時間和金錢去做有效培訓，企業才能實現其發展目標和提高勞動生產率。

近期，A 人力資源公司對 100 多家外資企業調查顯示，在提倡成本節儉的現代企業裏，只有培訓投資一項非但不減，反而越來越得到管理層的重視。如今的企業管理者們已分明嗅出了這裏的價值，因爲這項打入成本的開支，並不是潑出去的水，而是「存下的」一份對未來的期望、一份未來的效益。

惠普公司以「不僅用你，而且培養你」而著稱。在員工培訓方面，惠普花的錢遠遠超過著名培訓機構 ASTD 調查數以千計美國公司得到的平均水準(每人每年 1000 美元)。在惠普公司的理念中，員工培訓被認為是投入產出比最高的投資。

初到惠普，首先是「新員工培訓」，這將幫助個人很快熟悉並適應新環境。通過這個培訓，瞭解公司的文化，確立自己的發展目標，清楚業績考核辦法，讓員工明白該如何規劃自己

的職業生涯。

當員工通過公司內部招聘成為一線的經理，加入到公司內部管理工作中來時，為了幫助年輕的經理人員成長，惠普有一個系統的培訓方案——向日葵計劃。這是一個超常規發展的計劃，幫助較高層的經理人員從全局把握職位要求，改善工作方式。

員工進入惠普，一般要經歷四個自我成長的階段。第一個階段是自我約束階段，不做不該做的事，強化職業道德；然後進入自我管理階段，做好應該做的事——本職工作，加強專業技能；進入第三階段，自我激勵，不僅做好自己的工作，而且要思考如何為團隊做出更大的貢獻，思考的立足點需要從自己轉移到整個團隊；最後是自我學習階段，學海無涯，隨時隨地都能找到學習的機會。

企業必須不斷強化員工的自我培訓，為員工提供學習和進步的空間與時間，激勵員工自我學習，自我超越，這樣才能為企業的長期戰略發展培養後備力量，從而使企業持續受益。而注重企業培訓的本身，也是一種「競爭力」，它能吸引更多的人才來加盟你的企業。

摩托羅拉一貫認為：「人是企業中最寶貴的資源，只有向這些有限的資源提供各種培訓機會並給予發揮的空間，才能釋放其最大的能量，從而培養一支同行業的優秀隊伍，才能滿足公司在全球範圍內不斷增長的業務需求。」

為此，摩托羅拉每年為員工培訓投入了大量的人力、物力和財力，規定每位員工每年至少要接受 40 小時與工作有關的學習，內容包括：新員工入職培訓、企業文化培訓、專業技能培

訓、管理技能培訓、語言培訓及海外培訓等，並同時積極推廣電子學習。

可以說，培訓工作進行的好壞，越來越直接地影響到企業的運營品質，成為企業能否超越競爭對手的重要指標；員工培訓，已經成為企業進步的催化劑，是企業持續發展、永葆青春的「源」動力。

一位業內人士指出，目前員工培訓已滲透現代企業運營的方方面面，如員工入職時需要培訓；員工輪崗晉級時需要培訓；新的管理制度、工作模式和系統出現時需要培訓；市場推廣不利時需要培訓……通過培訓，企業可以有永葆青春的動力。

所以對未來的社會來說，制勝的必將是「學習型組織」，企業只有不斷加強員工培訓才能在市場競爭中佔有一席之地。

心得欄

58

員工培訓，一分成本投入，三分利潤產出

在企業所擁有的人、財、物等經營資源中，最重要的應該是人，因為使用財和物的都是人。那麼，什麼樣的「人」才是企業所擁有的人才呢？一般認為，具有熟練技術和技能的人和勇於改變現狀不斷創新的人正是企業所必需的人才。

什麼是熟練的技術和技能？就是指對所從事的工作具有豐富的業務知識和熟練的操作技術。比如對於會計工作而言，它的熟練技術和技能就是指日常會計處理和結算處理的相關技術和技能；銷售人員則是指行業和人際關係、債務回收的相關技術和技能。企業必須提高員工這種固有技術和能力，才能改進工作效率，提高產品質量和服務，擴大產品銷售，從而提升利潤。

另一方面，企業還需要勇於改變現狀、具有創新精神的人。無論企業員工的技術和技能多麼好，如果只維持現狀，那麼企業將不可能進步和發展，必須要有人在技術和技能方面有所創新才行，即企業需要有創新能力的人，給企業內部帶來革新的新風。而這些要求，單憑員工自己的努力是不夠的，必須同時依靠企業的培訓。

正因爲此，「沒有培訓的員工是負債，培訓過的員工是資產。」培訓過的員工獲得了一定的知識和技能，其中就包含了利潤的成分，隨時可以成爲利潤的增長點。而沒有培訓的員工基本素質不夠，很可能會給企業帶來損失，使成本大幅上升，對企業來說當然就是需要「償還」的負債。

松下幸之助指出：「松下電器公司與其他公司最不同的地方，就是在員工的培訓與訓練上。」員工培訓被認爲是企業最有價值的可增值投資。據權威機構調查顯示，企業每投入 1 元用於培訓，便可獲得 3 元的產出；而摩托羅拉的一項調查更是表明，每 1 美元的培訓費用，在 3 年內便可以實現 40 美元的生產效益。

管理者要想使企業獲得最大、持續的利潤增長，就必須確定「以人爲本」不斷提高員工素質的培訓宗旨，重視對企業員工的技能培訓，建立能夠充分激發員工活力的人才培訓機制。

一個成熟的現代企業，一定是一個注重全體員工全面培訓的企業。如員工入職時進行培訓，輪崗晉級時進行培訓，新的管理制度、工作模式出現時進行培訓，市場推廣不利時再進行培訓……通過對全體員工全方位的培訓，從整體上提高企業的競爭力。

摩托羅拉在培訓上，每年都會投入大量的人力、物力、財力，公司規定每位員工每年至少要接受 40 小時與工作有關的學習，內容包括：新員工入職培訓、企業文化培訓、專業技能培訓、管理技能培訓、語言培訓以及海外培訓等，可見培訓的廣度和深度。

管理者必須不斷強化對所有員工的全方位培訓，為員工提

供學習和進步的時間和空間，激勵員工不斷地學習、超越自己，才能為企業長期的戰略發展培養後備力量，從而使企業持續受益。

隨著知識經濟的發展，管理學家彼得‧聖吉提出了著名的學習型組織的概念，成了當今世界最前沿的管理理論之一。彼得‧聖吉認為，在學習型組織中，大家得以不斷突破自己的能力上限，創造真心嚮往的結果，培養全新、前瞻而開闊的思考方式，全力實現共同的抱負，以及不斷一起學習如何共同學習。可以說，學習型組織體現了一種時代精神和戰略要求，是對機遇和挑戰的積極應對。

企業對員工的培訓，也是建立學習型組織的必然要求。企業能夠有力地進行集體學習，不斷改善自身搜集、管理與運用知識的能力，才不會輕易被知識經濟所淘汰。

企業管理學教授沃倫‧貝尼斯說過：「員工培訓是企業風險最小，收益最大的戰略性投資。」韓國三星集團每年的員工培訓費用為 5600 萬美元，松下電器每年支出的人員培訓費用和科研開發費用，要佔到其營業額的 8%左右。這些知名企業在員工培訓上的巨大投入，均使他們獲得了超額回報，如果想讓企業的利潤持續、成倍地增長，又該如何呢？

59

成本是你的大後方

·····················

每個月的損益表都反映了一個企業真實的銷售、成本和利潤。你只要看看損益表，就會知道問題在那裏，要麼你的營銷上有障礙，要麼你的成本上出了問題。

很多企業都只會使槍，不會使刀。他們天生沒有用刀的習慣。基本上，企業家成功的第一步都是切入到市場，重視營銷，重視客戶，他們天生就知道如果沒有客戶，沒有產品，沒有市場，是不可能生存的。

然而，他們不知道，沒有成本控制，是不可能發展的。他們在前面衝殺，卻忽略了身後，把前面的市場佔領以後，背後卻是一片狼藉！就像從前的農民戰爭，李自成、張獻忠帶領的農民軍剛攻克了前面的一個城市，後面的城市卻已經丟了，不重視大後方的鞏固，佔一個丟一個，到頭來實力被一步步削弱，最終還是被打垮。

作為一個企業家，如果說營銷是你要去攻克的堡壘，那麼成本就是你的大後方，永遠不要忘記，在你英勇奮戰攻克堡壘的同時，也要花同倍甚至更多的工夫鞏固你的大後方。也就是說，你賺來的錢，你的營銷打出來的市場，最後因為財務系統

的混亂，因為沒有砍掉成本，導致你造成嚴重浪費，重覆購買甚至錯誤決策，最後還是功虧一簣。

1. 成本降低 10%，利潤就翻一番

再來看剛才的那個等式，收入－成本＝利潤。如果你的收入為 10，成本是 9，那利潤就是 1。10－9＝1。

但是，如果把 9 降低，想盡一切辦法削減成本，最後你的成本降到了 8 左右，那麼就是 10－8，降低 10%，等於 2，你的利潤一下子翻了一番！

	原產品	降低成本後	變化
定價	10元	10元	不變
成本	9元	8.1元	降低10%
利潤	1元	1.9元	增加近2倍
利潤率	10%	近20%	增長率近100%

微利經營的時代，拼的就是節儉！

幾乎全世界成熟的企業家，他們一上手，基本上都要揮大刀。提升收入，要把收入從 10 提升到 11、提升到 12，那是一個很長期的過程，也有這樣的可能，你收入雖然提高到了 11，成本卻也提高到了 10，11－10＝1，利潤還是沒有上升。企業要獲取利潤，最快的速度就是控制成本，用刀法。

2. 成本可以掌握在自己的手中

再精妙的槍法，前線上，你還是控制不了勝負。

銷售雖然有方法可循，但它在市場上發生受政策、消費者、競爭對手、經銷商等方方面面的影響，有太多的不確定性，

企業可以通過自己的努力引導它們,適應它們,但要控制它們並不現實,再強大的企業都不能完全保證能提升自己的收入。

但進行成本控制,比你的競爭對手的成本更低,卻在企業內部,在管理者手中。只要你管理了,你刀法用得好,它就被控制住了,而一旦放鬆管理,它又會悄悄長大。對成本的控制,你不能只憑心血來潮,而應隨時對它保持高壓。所以,不只要會槍法,更要學好刀法,這樣,利潤來得更直接。

每天,當太陽升起來的時候,非洲大草原上的動物們就開始練習奔跑了。這是它們生存的必須課題。

獅子媽媽在教育自己的孩子:「孩子,你必須跑得再快一點,再快一點,你要是跑不過最慢的羚羊,你就會活活地餓死!」

在另外一個場地上,羚羊媽媽也在教育自己的孩子:「孩子,你必須跑得再快一點,再快一點,你要是跑不過最快的獅子,你就會被它們吃掉!」

你跑得快,別人跑得更快!

你每天都在賽跑,和時間賽跑!和競爭對手賽跑!和帳單賽跑!

森林法則,不是獅子和獅子、羚羊和羚羊的賽跑,而是獅子和羚羊的賽跑!同樣,商場法則,不是你和競爭對手的賽跑,而是你和你的利潤、金錢在賽跑。

要做那隻跑得最快的羚羊,你就要把成本降到最低!

奉勸企業家拿起砍刀,立地成魔!這裏所指的魔,是指對成本的一種歇斯底里的痛恨。企業家和成本必須拼個你死我活。

60

讓每個人都能聽到刀聲

任何一個企業，如果要砍人，都有很大的空間。要做到能砍多少就砍多少！想砍多少就砍多少！年年砍！月月砍！任何時間都作好砍人的準備！永遠不可能人不夠用！記住這句話：冗員就像海綿裏的水，只要你去擠，總是有的。

1.三個員工只有一個是創造價值的

三個員工裏有兩個都沒用！這個說法不是聳人聽聞。沒有企業家敢保證，他的所有員工在工作時間全部在做他們應該做的事！美國人力資源協會作過一個統計，在一個三人組成的團隊裏面，有一個人是創造價值的；有一個人是沒有創造價值的，是平庸的；還有一個人是創造負價值的。這也正印證了中國的那句老話：一個和尚挑水吃，兩個和尚抬水吃，三個和尚沒水吃。

有個小故事。有一次，天鵝、黃狗和龍蝦三個一起想拉動一輛裝東西的貨車向前走，三個傢伙套上車索，拼命用力拉，車上裝的東西並不算重，可車子怎麼都拉不動。你想這是為什麼？大鵝拼命向天上拉，龍蝦拼命往水裏拉，只有黃狗是向前拉車的，但被他們兩個一攪和，自己也無可奈何。

德國人力資源專家馬克斯的分析也發現，假如一個人有一份業績，並不是想像中的，人數增加，業績就會翻倍。一個人一份業績，兩個人就小於兩份業績了，四個人小於三份業績，當這個團隊達到八個人的時候，居然業績萎縮到小於四份！招聘人員過多，會令你的團隊績效下降。

2.一個員工的成本是他工資的五倍

很多企業家到現在還不瞭解，一個員工的成本究竟有多少。總是認爲我今天要支付一個員工的工資是 1000 塊，他的成本是 1000 塊錢。然而，員工拿到手上的工資是 1000 塊錢，企業給他支付的是多少錢呢？企業承擔的他的成本是多少呢？你會說，最多還有一些負擔吧，比方說養老金、保險，可能還要增加 50%。最多的人說，可以增加兩倍，到 2000 塊。儘管大膽去猜！告訴大家，美國人力資源協會統計下來的數字是多少呢？5000 塊！

員工進來要培訓，要考核，要管理成本，要辦公桌，要辦公用具，要佔寫字樓空間，要進行各種消耗，一個員工的成本根本不是他的工資收入的那部份，這個員工一旦進入團隊，各種成本就接踵而至。

還有一個最大的風險成本沒有計算進去，剛才說的 5000 塊是算得出來的成本，是平均成本。但三個人進來只有一個人是創造價值的，另外兩個人是沒有創造價值的，假設進來的這個人製造出更多的負價值，他會在團隊裏不斷造成虧損，給公司造成嚴重的損失，喪失公司的信譽，個人作風不好，亂搞辦公室關係，辦事不夠認真，拖累整個團隊，導致商業損失、品牌損失、客戶流失，這些風險想想都後怕！

3. 請神容易送神難

「明天你再也不用來上班了！」「今天你被解僱了！」「你可以考慮到別的地方發展了！」「這裏沒辦法再留你了！」你要準備不斷對績效差的員工說這些話，甚至讓它們變成你的口頭禪！

砍人手，是所有企業家上任幹的第一件事。傑克·韋爾奇1981 年接手通用電氣，第一件事情就是砍人手，一次砍了兩萬人，馬上公司股票上漲。過了半年，公司股票又疲軟了，他馬上通過績效評估又砍了兩萬人，股票又開始回升。華爾街投資客馬上看好他：鐵腕領導！中子彈韋爾奇！韋爾奇發誓將砍人進行到底，又過半年，又砍掉兩萬人。

請神容易送神難。人手增加是最容易不過的了。很多時候，因為一項工作開始增多，有人就對老闆說：「老闆，我們真的忙不過來了，增加一個人吧！」你就說：「好啊，那就增加。」人馬上招來了。這樣工作繁忙也許是階段性的，可你增加了的人手就很難送走了。特別是有的企業家在不夠成熟的情況下，不敢拉下臉去砍人手，對一些不勝任工作的員工沒有魄力和決斷力去辭退，人只進不出，效率低下，反應緩慢，責任推委，政治鬥爭，搬弄是非，關係緊張，最後一潭死水，同歸於盡⋯⋯

4. 人人頭上一把刀

砍人手，不是揮刀亂砍，見誰不順眼砍誰，見誰很礙事砍誰，見誰和自己意見不合砍誰，那是流氓打架。你要讓走的人心服口服，留下的人不驚慌失措。

人人頭上有指標，千斤重擔眾人挑，是成熟公司在人力資源管理上的原則。聰明的領導者在每個員工的頭上懸一把刀，

只要他們有所懈怠,不需要領導者親自動手,那把刀就會自動掉下來把他殺死,砍人就完成了。

人人頭上有指標的意思,就是對每一個員工用績效量化,用利潤導向,用數字說話。請你儘快掌握下面的五項原則:

第一,不管任何員工,目標必須是明確的。

第二,必須有可以量化的數字。團隊裏的員工有兩種:一種人就是創造銷售收入的人,營銷的人,他的數字就是銷售收入,他考慮的是怎麼把銷售業績從兩萬變成五萬、十萬;一種人是花錢的人,創造產品的人,他的數字就是控制成本,他考慮怎麼在保證品質的基礎上,把原來的花費十萬降到九萬、八萬。另外,考核成本花費者的另一個指標是,他花出去的錢必須轉化成價值。比如,花一萬塊買了一台電腦,而電腦要變成價值,必須為公司創造利潤,所以這就把成本變成了價值中心,把營銷變成了創富中心。

第三,具有挑戰精神,你的所有目標不是你過去達成的,你去年的銷售業績是 100 萬,那麼今年你可能就是 150 萬或者 200 萬。

第四,要合理,你不能好高騖遠,太脫離實際。

第五,最後一點,目標要有時間限制,確定完成的時間。比如,一個員工一年要完成 200 萬的銷售任務,最後完成的時間是 12 月 31 號,把 200 萬這個數字分解,根據自己的業務規律和過去的狀況,分解到每月、每週,就知道他的目標績效量化在那裏了。

5.讓你的員工無處可逃

有人對總經理說,很多員工沒有績效,辦公室後勤、服務

人員、保安，他們不爲公司花錢，也沒有給公司創造收入，你怎麼讓他做績效表？

總經理便給大家兩個工具，一個叫時間圓圓形圖，就是針對沒有績效的員工，對他們的工作職責從早上 8 點開始評估，早上 8 點到 9 點之間你做什麼，把職責寫出來，9 點到 10 點，10 點到 11 點……，比如，打掃衛生的阿姨，8 點鐘上班以後，8：00～8：30，打掃衛生間；8：30～9：00，擦桌子擦玻璃；9：00～9：30，澆花；10：00～10：30，倒垃圾；11：00～12：00，打掃會議室。每一項任務按照時間，按照點來對，如果不在這個位置，你在幹什麼？如果在做工作以外的事，處罰！

從上班開始到下班結束，每個小時內所做的事情全部要寫出來！從這個圓圓形圖就可以看出來，你的所有工作績效是不是飽和的，是不是人浮於事。如果你寫不出來，說明你工作根本沒有量，那麼就可以考慮，有沒有必要再設立這個工作，你有沒有必要存在。有了這個圓圓形圖，你的任何員工都無處可逃。

第一，把每個員工的崗位、工作職責列出來；第二，讓每個員工把時間分配比例按照圖表畫出來。你的工作職責都有那些？主要的工作職責是什麼，次要的是什麼，各佔多少時間比例？然後根據每個工作職責佔的時間比例畫餅。比如，一個銷售部經理的工作職責是：第一，出去拜訪客戶，佔了時間的30%；第二，打電話，佔了 20%；第三，培訓員工，佔了 30%……

這張表格主要是反映什麼？反映一個員工的工作是不是分得清輕重緩急，要事第一，是不是 20%的事情是你最重要的事情，什麼事情你做得最好，是不是你把時間花在最有價值的

事情上，產生了最高的價值。這張表格幫助公司裏的每一個員
工十分明確那一項工作是最重要的，這叫做經濟學的阿爾巴法
則，20%的事情決定了 80%的成就。

心得欄 ┈┈┈┈┈┈┈┈┈┈┈┈┈┈┈┈┈┈┈┈┈┈┈┈┈┈┈┈┈┈┈
┈┈┈┈┈┈┈┈┈┈┈┈┈┈┈┈┈┈┈┈┈┈┈┈┈┈┈┈┈┈┈┈┈┈
┈┈┈┈┈┈┈┈┈┈┈┈┈┈┈┈┈┈┈┈┈┈┈┈┈┈┈┈┈┈┈┈┈┈
┈┈┈┈┈┈┈┈┈┈┈┈┈┈┈┈┈┈┈┈┈┈┈┈┈┈┈┈┈┈┈┈┈┈
┈┈┈┈┈┈┈┈┈┈┈┈┈┈┈┈┈┈┈┈┈┈┈┈┈┈┈┈┈┈┈┈┈┈
┈┈┈┈┈┈┈┈┈┈┈┈┈┈┈┈┈┈┈┈┈┈┈┈┈┈┈┈┈┈┈┈┈┈

61

怎樣砍日常開支

　　美國航空公司總是想盡一切辦法降低成本，節儉一切可能節儉的費用，這已經成了他們的一種習慣。

　　在美航的飛機上，除了代表美航標志的紅、白、藍條紋外，一概不塗其他油漆，這不僅降低了油漆的消耗，而且還因為不上油漆，飛機大約輕了 400 磅，使每架飛機每年可以節省大約 1.2 萬美元的燃油費用。

　　有一次，美航老闆柯南道爾在美航班機上用餐。他發現送餐的量很大，於是把沒吃完的生菜倒入一個塑膠袋，交給負責機上餐食的主管，下令「縮減晚餐沙拉的分量」！之後，他還覺得不過癮，又下令拿掉給旅客沙拉中的一粒黑橄欖。如此一來，既減少了浪費，又使美航每年減少了 7 萬美元的開支。

　　在別人身上要省成本，在自己人身上也要省成本，而且來得更快，更直接！為了成本，為了利潤，自己人也要六親不認。有人說，管理是一場控制遊戲，不錯，既是人與人之間的控制遊戲，也是人與成本之間的控制遊戲。如果你既控制了外部成本，也控制了內部成本，至少說明，你不是一個失敗的管理者。你寧願做一個鐵腕的管理者，也不想做一個失敗的管理者吧？

假如你下面是一幫聰明的員工，你會贏得他們的尊敬。

1.注意公司的浪費無處不在

你走進任何一家公司都會發現，這樣的浪費比比皆是：辦公室空無一人的時候，冷氣機和電燈全開著；員工下班回家，電腦整個晚上都不關；電腦稍微有點小問題，就請維修公司的人過來，修理費記在公司的賬上；印表機卡住的紙張、打出來不用的紙張被一堆堆扔在印表機旁，甚至有人用公司印表機打一本本小說；衛生間的水龍頭總流著水；下班了拿公司裏的電話煲電話粥……

不要小看這樣的浪費。如果你把這些都杜絕了，都砍掉了，是筆不小的利潤！但是，別指望你的員工去良心發現，主動幫你節儉，因為和他們自己利益無關。你也沒有精力去控制每一個角落，指出每個人在任何時間作的每個不必要的浪費，甚至有些人根本連自己都沒意識到，自己的行為是浪費行為！

所以，你在任何細節的地方都要制定規章，用制度管理，而不是用人管理，貼在最醒目的地方，讓他們嚴格遵守。

2.電話管理細則

⑴所有的手機都由自己買，一律不由公司購買。

⑵電話不需要太多的功能，只要能打出去接進來、耐用就可以了。

⑶根據工作職責，確定手機報銷標準。比如說經理 300 元，副總經理 500 元，總經理 800 元。

⑷所有的電話只能打市內電話。長途電話要到經理辦公室。

⑸每個月都列印出每部電話機的費用明細，員工打私人電

話、帳單裏的資訊費，都由經理承擔。

(6)將電話費用計入成本當中進行核算。

(7)訓練員工怎麼打電話，怎麼快速表達，怎麼言簡意賅。

(8)電話在響了六聲後，對方沒有接，立即掛掉，六聲以後電信局就開始計費了。

(9)必要的時候，打電話前先製作 5W2H 的表格，整理後再打電話。

WHEN	何時
WHO	誰
WHAT	何事
WHY	理由
WHERE	場所
HOW	方法
HOW MUCH	數量、金額

(10)打過去電話如果對方正在講話，就改時間再打，或要求對方打過來，不要等待。

3.公車管理細則

(1)統計每一部汽車 100 公里的耗油量，確定出一個數字來，每個月盤點，如果超標，司機承擔 50%的油費。節儉下來獎勵 50%的油費。

(2)到十字路口時熄火，下坡時把擋扳到空擋。

(3)指定維修廠家，所有維修更換的零件全部交還公司。

(4)任何人使用公司車，所有的汽車費用都要計算，打到客戶部的合約單裏面。

(5)鼓勵員工寧願乘計程車也不要公司的車。

(6)打計程車 24 小時內必須報銷，必須經理簽字，確認你今天的拜訪。

(7)停車費、過路費的報銷由坐車人簽字，寫明時間，證明這個車是他在使用。

4.辦公設備管理細則

(1)標出用品的價格。把信紙一張多少錢，信封大的多少錢、小的多少錢，回行針一支多少錢等，所有用品全部標示價格。讓每個人有數字觀念是節省費用的第一步。

(2)員工小的辦公用品全部由自己承包。

(3)所有的紙張要求正反兩面使用。如果沒有翻面使用，每張紙罰 10 塊。

(4)不准員工使用公司的一次性紙杯，只要發現，罰 10 塊錢一個。紙杯是給客戶的。

(5)耗材超標，經理承擔 50%。

(6)凍結所有的傢俱開銷。

(7)一台影印機、一台印表機足夠，昂貴的維護費用比多走兩步路和等待的時間花費要大得多。

(8)嚴格限制列印、複印紙張的消耗，每個人定量使用。

5.辦公費用節省的其他管理細則

(1)總、分公司之間，聯絡制定標準化。員工不要用隨意的方法聯絡，方法可分為：①普通信件；②限時專送；③電話傳真；④電話等。

(2)儘量使用自然光線，不要養成白天開燈的習慣。每一盞燈設置一個開關，不要一個開關管好幾盞燈。

(3)冷氣機每月清理一次，冷卻裝置及冷氣機的蓄電座與濾

壓器的清除要每月一次。一年都不清除，據說會減少 20%的熱效率；室內冷氣不要開得過冷，每超過一度就要多花約 10%的電費支出。

(4)多利用樓梯。爲了節省電費，上下三層樓以內禁止使用電梯。

(5)複印時盡可能複印雙面，這樣做會降低紙張的費用，且在郵寄時郵票及信封費用也會降低，將這些複印件歸檔時，檔案用紙也會減少。

(6)在晚上下班時安排專人檢查所有的用電設備，包括電燈、電腦、冷氣機、影印機、印表機等。

6.制度管理要切中要害

春秋之時，楚國令尹孫叔教在苟陂縣修建了一條南北水渠。這條水渠又寬又長，足以灌漑沿渠的萬頃農田。可是一到天旱的時候，沿堤的農民就在渠水退去的岸邊種莊稼，還偷偷地在堤壩上挖開口子放水。一條辛苦挖成的水渠被弄得遍體鱗傷，經常因決口而發生水災，水利成了水害。

面對這種情形，歷代苟陂縣的官員都無可奈何。雖然有專人管理，但是防不勝防。每當渠水暴漲成災時，只能調軍隊去修築堤壩。後來，宋代的李若谷出任知縣時，他便貼出告示說：「今後凡是水渠決口，不再調軍隊修堤，只抽調沿渠的百姓，讓他們自己把決口的堤壩修好。」這佈告貼出以後，再也沒有人偷偷地去決堤放水了。

你在執行一項政策之前，如果告訴被執行者當中的利害關係，他們考慮到自己的利益，就不會做出損害團隊利益的事情了。當制度都不能發揮作用的時候，就只有利用李若穀的辦法，

「以子之矛攻子之盾」,當他發現這樣做得到的好處還不如他損失的多的話,自然也就不會再去做這樣的事情了。

7.所有開支按人記賬

在制度管理上,某公司有一個絕招,就是每一筆費用照成本進入賬目,所有的開支按人記賬,你花費了多少成本,每一分都別想逃!你的開銷和個人收入息息相關,你是在花自己的錢!包括對總經理。

每次有費用開支,他們也會很詳細地問,李總,你今天請客,請誰的客?請聯通。那麼聯通這個客戶是誰?是誰服務這個客戶?是客戶一部張總服務的客戶。那這筆錢就要張總認可,費用劃到了張總那裏。

假如李總今天要了公司的車,他們也會問,李總,你爲什麼要這部車呢?李總說,去陪客戶。陪那一個客戶呢?陪某某房地產。誰的客戶呢?何經理的。馬上,這個費用就劃到了何經理那裏。

再比如說,公司買了份禮品,一盒月餅,送給客戶,他是電信公司的。電信公司是誰的客戶?這個成本就直接到了服務電信公司那個人身上。

經過財務人員的認真梳理,這個公司對成本的控制能力達到了每一分錢都花得清清楚楚的地步,人工成本、房租成本、折舊成本、辦公成本、採購成本,所有產生支出的項都被財務人員整理好,只要公司老總想瞭解某個員工一年來用了多少紙,花了多少「打的」費用,請客吃飯送禮品花銷多少,5分鐘內,財務就能送來資料!

所以,你在辦公室發生的每一分錢,都跟著人,跟著部門,

跟著客戶，跟著業務，跟單過去。每一分錢追根究底，來龍去脈，沒有一點含糊，沒人想去故意亂花一分錢。

8.吃鮑魚的賬記在員工的頭上

在費用控制問題上，你就要蠻不講理！這樣才更有效！在A公司，所有的應酬必須進入合約，而且要求是先合約後應酬。可能你會說，沒這個道理！客戶還沒簽單之前，就需要應酬，不應酬那來的合約？

你要應酬怎麼辦？自己墊款。如果你說了一百個理由都很有道理，一定要花錢應酬，而且，這筆款你非要公司出，那麼，公司首先要把這筆款掛在你的合約上，作為你的一個借款，說明你欠公司的錢。你借錢以後，要經過經理認可，經理同意，你去請這個客戶。

原則上要求員工要請客戶，一般由經理陪同；經理要請客戶，一般由副總陪同；副總要請客戶，由總經理陪同。一定要上級審批，或者是有領導參與。

你以借款名義把請客戶的錢拿出去之後，公司開始跟蹤你的這個業務，一旦你的業務簽單了，這個成本就銷掉了。如果你的業務一直都不簽單，你不可能無限制地為其花錢。如果這筆業務花到1500塊錢以上，絕對不能再讓你去花了，雖然是借款，也不能超過你當月的總收入。就是說，假如你當月總收入是4000塊，那你的借款不能超過4000塊。

你還要在接待水準上確定自己的標準。比方說，一個普通員工人均消費40塊的標準，經理人均消費60塊的標準，副總人均消費150塊的標準。作為普通員工，你不能帶客戶上高檔餐廳，上高級茶館。

在 A 公司的街對面，有一個水煎包店。他們接待客戶的時候，就號稱這是第一煎包店，他們就到那裏去吃，40塊盡你吃。如果對方是總經理，而且對方是一個大公司，是員工自己聯繫上的，這個接待由總經理承擔。但是，賬還是要記在員工的頭上！吃鮑魚海鮮也是一樣！

在應酬方面，還少不了兩個原則：第一個原則，請客的人就要獨當一面，以一當十。內部員工絕對不能超過客戶的人數。不要十個人去吃飯，九個是自己的員工，最好是反過來，九個客戶，一個員工。第二個原則，只要有更高的公司領導人，其他的領導人一律不要參加。總經理去了，副總經理、經理就不要再去。

節省成本，爭取最大利潤，全部在一些細節上！針對公司的位置，你可以指定附近的接待餐廳，這樣，公司可以和他談一個比較大的折扣。

在有些公司裏，員工打著服務客戶的名義，花了很多的成本出去，這邊對別人說是服務客戶，那邊不斷需要資金。最後公司也爲難：不給錢，怕客戶流失；給了錢呢，客戶怎麼能保障？如果有這些制度，你根本不怕沒有保障！對等接待，指標限定，借款服務，績效掛鈎，建立標準，最後是每一個項目都有底限，靠底限作保障。

如果這個客戶沒有了，那是員工自己賠了，和公司無關。

9.差旅費裏時間是最大的成本

成本不只是嘩嘩溜走的鈔票，也是嗖嗖而去的時間。時間這樣無形的浪費，是更兇狠的魔鬼！差旅費裏最大的成本是什麼？時間成本！一出差，比如到美國，食宿交通不說，至少要

三天的時間在裏面。

　　每次出差的時候，要問自己四個問題：第一，你出差想得到什麼結果？你可能說，拜訪客戶，簽這個客戶的單。那麼，第二個問題，如果不出差，會給公司造成什麼結果？這個客戶值不值得出去？如果不要這個客戶，公司會受到什麼損失？你說，這個客戶是個大客戶，會給公司造成很大的損失。第三個問題是，如果要出差，能不能少花錢，或者是不花錢能夠達到目的。也就是說，你能不能通過電話，通過委託美國的子公司，換一種方式解決，不需要專門飛一趟過去。假如一定要去，那該問第四個問題，你去了以後是不是絕對可以得到這個結果？是的。那好，假如說沒有保證怎麼辦呢？當然就成為一個教訓。

　　不是每一個員工都有時間觀念，你要讓專人負責，幫助他們設計最佳規劃、最佳時間安排，確定他有一個清晰的外出計劃表。同時，差旅費也要建立標準，省內出差，200塊包乾，而且必須用發票；省外出差，按照地區分類別——紐約、北京、上海、香港等，不同的崗位劃級別——總經理、副總經理、經理等。全部包乾。

10.要管家婆不要敗家子

　　節省成本不是靠你一個人的智慧，讓所有的管家婆幫你出點子。讓公司裏的所有人都成為管家婆。

　　美國的一個商業企業獅王食品公司(Food Lion Inco)的名字也貫穿了節儉成本的思路。該公司原來叫都市食品公司(Food Town Inco)，因為被另一家公司指控侵權並敗訴，只好改名，一個僱員提出了最省錢的方案：把T換成L，把W換成i，然後把i和o位置調換，名稱就改過來了，正好與比利時的母公司

名稱一樣。這個建議使獅王食品公司下屬的 300 家商店僅在更換招牌中就節省了 10 萬美元！

11.別讓員工和成本魔鬼結盟

縮減費用，特別是對支出和生產效率的嚴格考核，容易招致員工的反感，損害他們的既得利益，他們會認為，刀是砍在他們的身上，從而增加了管理的難度。

任何一個管理者都不可能控制每一時間、每一地點的成本節儉，你不能像管小孩子一樣，不給他錢花他就沒辦法亂花錢，不讓他亂跑他就乖乖在家裏待著。上有政策，下有對策。如果你不能引導員工自覺地與成本魔鬼戰鬥，他們就會與成本魔鬼結盟，在你視線之外，控制之外的任一地點、任一時間，悄無聲息地掠走利潤，想想很可怕！

很多成熟的企業，都有對降低成本提出合理建議的員工進行獎勵的機制。

讓員工在為降低成本付出智力、腦力或犧牲方便時，給予有貢獻者積極的引導，能極大地激發員工參與的積極性，營造節儉的整體氣氛。

員工不是生來就是管家婆，但如果他認為節儉每一分成本都是給自己節儉下來的，他就自願成為管家婆了。

62

砍會議，刀刀索命

最大的成本是時間成本，你不會不知道。千金散盡還復來，時間一去不復返！昨天付出的一切，你都無法挽回。砍掉不必要的時間浪費，索回的是自己寶貴的生命。所以，你要刀刀索命。

1. 把每一天都當成生命中的最後一天

老總們常常會覺得時間不夠用，那麼讓你的員工也有這樣的感覺，不要讓他們覺得上班時間很難熬，等待下班是很漫長艱苦的事情！告訴他們，今天就是他們生命中的最後一天，珍惜這一天，把自己想做的事情全部做完！

所以，B 公司新員工上崗，第一堂課是培養時間觀念！要求他對每一分鐘進行核算。把每一天都當成生命中的最後一天，如果這一天就是生命中的最後一天，這一分鐘就是生命中的最後一分鐘，你沒有時間了，你必須以最快的速度完成你要完成的事情！

公司僱用員工，買的是員工的時間，早上八點到晚上五點，除去午飯一小時，每天 480 分鐘，這八小時當中，怎麼來讓員工產生最高的價值呢？

每個人的時間都是有價值的。一個年收入 2 萬的人，一年工作天數 261 天，每天工作八小時，按月薪 1600 塊算，他每天的價值是 76 元 6 角 3 分，每小時的價值是 9 元 5 角 8 分，每分鐘的價值是 1 角 6 分。算算看，你在廁所裏面蹲著很長時間不起來，也是 1 毛 6，侃大山，打電話，看報紙，也是 1 毛 6。一個年收入 5 萬的人，平均月薪是 4000 元，工作時間 261 天，工作八小時，每天的價值是多少？191 元。每小時的價值是 23 元 9 角 5 分，每分鐘的價值是 4 角，他打個盹，發個呆，浪費的都是公司的錢！浪費的都是你的錢！

2.會議是時間成本的大敵

最大的成本是時間成本，最浪費時間成本的要數開會。「會而不議、議而不行」是企業會議的通病。說的人信口開河，無的放矢，聽的人昏昏入睡，等到該說的都說完了以後，宣佈散會，大家仍然一臉空白，做鳥獸散。

一個會議來 10 個人，50 個人，上百人都不算多，浪費 1 分鐘，100 個人 100 分鐘，很容易，不知不覺。會議是時間成本的大敵。

日本太陽公司爲提高開會效率，實行開會分析成本制度。每次開會時，總要把一個醒目的會議成本分配表貼在黑板上。

成本的演算法是：會議成本＝每小時平均工資的 3 倍×2×開會人數×會議時間（小時）。公式中每小時平均工資之所以乘以 3，是因爲勞動產值高於平均工資；乘以 2，是因爲參加會議要中斷經常性工作，損失要以兩倍來計算。因此，參加會議的人越多，成本越高。有了成本分析，大家開會態度就會慎重，會議效果十分明顯。

會議成本＝每小時平均工資的 3 倍×2×開會人數×會議時間（小時）

3.把會議搞成限時演講

在會議之前，你還是要問自己四個結果：你想得到什麼結果？不要這個結果有什麼損失？不開這個會，能夠有其他方法來替代嗎？開了這個會是不是絕對能得到想得到的這個結果呢？

同時，開會不是拿來討論的，開會是拿來達成協定、達成共識的。如果是討論會，只要相關的人參加就可以了；如果是精神傳達會，那麼直接傳達精神，沒有討論的餘地！沒有必要人到場的，可以召開無會場會議，電視、廣播、電話、互聯網、短信、隨便那種都能節省時間！

盡可能地讓更少的人出席，不要讓不相關的人在旁邊陪綁，那些人必須要參加，這些人在會議當中起到什麼作用，達成什麼協議，事先確定。

H 公司在團隊裏面的要求是，會上每個人發言都限時，包括總經理會議，績效評估會議，所有人都發言，要求就是抓住重點，三分鐘限時，而且書面發言，不准你使用口頭發言，因為口頭發言很容易沒有條理，抓不到重點。

包括競選，限時 20 分鐘發言。時間到立即停止，像電視裏的辯論賽一樣嚴格。每一次開會，都要時間管理，會議機要員就是時間管理員，時間管理員要保證會議準時開始，準時結束，保證會議每一分鐘限時發言，保證每一個會議都有結果。高級主管應該有能力在 30 分鐘內把會開完，並解決問題，控制會議時間是一個管理者必須具備的素質！

4. 管理好你自己的時間

你的時間不夠用，那就要自己學會時間管理。再增加人手幫你，比如秘書、經理助理之類的，都起不到根本的作用！最後證明，人員增加之後，工作不但不會減少，反而更加忙碌，增加不必要的人力成本。

美國兩家著名的管理顧問機構──管理工程師聯合顧問所與史玫特顧問公司曾經就這個問題作了一個調查。調查發現，企業經營者之所以感覺到時間不夠，除了開會以外，主要就是浪費太多時間在打電話和處理信件上。

第一個問題是打電話。一個經營者每天總要接到數十個電話，你無法預料到電話鈴什麼時候會響，什麼人找你，有什麼無聊的事情，許多工作常因接電話而被干擾中斷。電話，是時間成本的魔鬼。根據心理學家的研究，當我們正在專心做一件事情或思考某一個問題的時候，受到中斷干擾之後，通常都要經過一段相當長的時間才能使精神或思緒再重新集中，你的時間效率因此而大打折扣。

在處理電話方面，建議你選擇一個員工，兼職作為你的電話過濾員，信賴他的處理能力，授予更大的權力，在多數情況下，直接交給他去處理，不必轉接。如果非由經營者自行處理不可時，應簡短扼要，不要在電話中扯與主題無關的事情，養成能在 3 分鐘內把問題解決並掛掉電話的習慣。

處理公私信件也是花大時間的事情，因為「寫信」不比「說話」，總是要字句斟酌，一封普通信件下來，至少消耗半個小時。

能交由下級或秘書處理的信件，直接交給他們去處理；必須自己回覆的，可口授給秘書，經記錄整理後，再簽字發出。

寫信時，應盡可能不拖泥帶水。邱吉爾說過，不能在一張紙的範圍內把想表達的意思完全表達出來的，就不能算精簡扼要。這個標準可以讓經營者處理信件時參考。

---

(1)把該做的事按重要性依次排列，前一天晚上就安排妥當。俗話說:「凡事預則立，不預則廢。」

(2)每天早晨比規定時間早 15 分鐘或半個小時開始工作，這樣，你非但能立下好榜樣，而且有時間在全天工作正式開始前好好計劃一下。

(3)開始做一件工作前，把所有需要的資料、報告放在桌上，這樣將免得你為尋找東西浪費時間。

(4)購買各種工具書籍、手冊放在辦公室，盡可能吸收和儲備知識，這樣可增進你的處事能力，減少時間浪費。

(5)把最困難的事擱在工作效率最高的時候做，例行公事可以在精神較差的時候處理。

(6)養成將構想、概念、靈感、承諾……存放在檔案裏的習慣，這樣雖時過境遷，但仍會記憶猶新，因為沒有比忘記履行諾言更糟的事了。

(7)訓練速讀。想想看，如果你的閱讀速度增快 2～3 倍，那麼行事效率該有多高？這並不難做到，書店有許多增進你這些能力的指導訓練書籍。

(8)利用空閒時間。它們應被用來處理例行工作的，假如那位訪問者失約了，也不要呆坐在那裏等，可以順手找些工作來做。

---

(9)瑣事纏身時，務必果斷地擺脫它們，以便專心一致地處理較特殊或富創造性的工作。

(10)管制你的電話。電話雖然不可缺少，但如果完全被你太太或朋友佔用了，那這工具豈非像一個被埋沒掉的天才？還有，在拿起電話前，先準備好每件要用的東西，如紙、筆、名片及預定話題、資料等。

(11)晚上看報。除業務需要外，盡可能在晚上看報，而將一日之計的寶貴光陰用在讀信、看文件或思考業務狀況上。

(12)開會時間最好選擇在午餐或下班以前，這樣你將會發現在這段時間，每個人都會很快地作出決定。

(13)當你遇到一個健談的人來訪，最好站著接待他，奇怪嗎？這樣他就會打開窗子說亮話，很快就道出來意了。

(14)休息片刻，來杯咖啡、茶、冷飲，甚至只要在窗前伸個懶腰，就足夠使你精神抖擻了。

(15)沉思。每天花片刻時間思索一下你的工作，可尋求出各種增進工作方法及滿意的靈感，受益匪淺。

(16)最後時限。給自己規定最後時限並實行自我約束，持之以恆就能幫助克服優柔寡斷、猶豫不決和拖延的弊病。

(17)忽略。有些問題如果你置之不理，它們消失了。通過有選擇地忽略那些可以自行解決的問題，大量的時間和精力就可以保存起來，用於更有用的工作。

(18)活動與效果。終日忙忙碌碌不一定是最佳工作方式。重視做一件事情要達到的目標，趨向活動的效果。

63

非常重要的現金流

資料統計，破產倒閉的企業中有 85%是贏利情況非常好的企業！他們死在那裏？死在現金流手上！

現金流是企業的致命軟肋，其重要性就不贅述了，怎樣練就金剛不壞之身，讓你的現金流乖乖聽話並發揮作用呢？所以，對於現金管理這項內功，你不得不練。

在財務管理中，現金不等同通常所說的現款，我們把在企業內以貨幣形態存在的資金都叫現金，也就是隨時能變現的「錢」，包括庫存現金、銀行存款、銀行本票、銀行匯票等等。

首先，你要做一個現金流量表，定期編制現金預算，及時反映現金的流入流出、盈缺狀況，及時反饋。

作現金流總預算，就是根據企業的投資發展計劃，對一年裏大概需要多少資金作個估計，你先問自己四個問題：

(1)你的公司今年銷售的預算是多少？

(2)從歷史來看，公司一年的現金流平均需要多少？

(3)公司在下一年有沒有大的戰略目標，實現這些目標需要多少現金支出？

(4)這些資金通過那幾種方式來籌集？

這些因素考慮進去之後，制定一個現金流的總預算。然後，你可以將計劃分解到月，作出每月的現金流預算。密切觀察現金流的變化，一旦少於預算，你要早作打算。

預算作好之後，你還要有一個現金流收支表，統管日常經營活動的現金安排，從下面的現金收支日報表裏可以看出來，你具體到每一筆現金的進出都有記錄，你心裏有數，誰也沒法打馬虎眼。

現金收支日報表

前日餘額	本日收入額	本日支出額	本日餘額
相關傳票數量	現金收入		現金支付
備註			

有一家公關公司剛成立半年，就接了一個國內知名企業的百萬大單，非常興奮，感覺到企業的機會來了。因為客戶是知名企業，在付款方式上，他們接受了預付款 30%，其餘 70%在活動結束後兩個月付清的苛刻條件。

活動轟轟烈烈地開始了，可是該活動公司的財務也陷入了危機，因為活動的費用支出高達合約金額的 70%，而客戶才先付 30%，這意味著，有 40%的費用要該活動公司提前墊付。而這 40%就是 40 萬啊！對於一個剛剛成立的小公司來講，是多麼大的一筆流動資金。幸虧幾位公司股東及時把自己的房子抵押了，獲得了貸款，解決了危機。

　　有時，一個大單砸來，利潤真是可觀，誘惑多多。你想，我們公司就是拼了命也要做下來，結果是，你拼了命，沒有做下來。你要看清楚這張餅是否大得足夠噎死人。一般來說，不要接超過公司生產能力 15%以上的大單。就上面列舉的活動公司的案例一樣，雖然百萬的大單可以為公司帶來近 30 萬的利潤，但是如果沒有資金支持的話，就有可能被噎死。

　　當然，輕易地丟掉大單是每一個生意人所不能容忍的事情。這個時候，可以考慮把部份訂單轉包給可靠的同業公司，這樣風險轉包出去了，吃到嘴裏的餅才能更香甜更容易消化。

　　客戶不都是上帝，也有魔鬼。對他們警惕，再警惕！客戶如果是第一次購買我們的產品，一定要求對方先付全款，然後提貨。並隨時記錄各個客戶的付款情況，制定相應的付款條款。對於信用好的客戶，可以將預付款的比例適當降低，確定應收賬款的回收期，但最多不低於成本。

　　對於下游的原材料企業來說，我們是他們的大客戶，而且是長期客戶，一般都是可以推後付款的。除了第一次合作，為了表示誠意，需要提前支付貨款外，以後的合作就告訴他們，我們公司的慣例是先貨後款。貨到 30 天內付款。這樣，你有了 30 天的無息貸款，手上的現金還可留做它用。但是你一定要在第 30 天付款，不要一拖再拖，以免影響公司的信用。

　　如果你的企業現金緊缺，那麼，你就不要動用僅餘下的現金，與供應商商量，我們能為他們做什麼；能不能用我們自己的商品和勞務，交換他們的商品和勞務。

現金回收的技巧：

⑴鎖箱法。企業在各主要城市開設收取支票的專用郵箱，分設存款帳戶，客戶將支票投寄入郵箱，當地銀行在授權下定期開箱收取支票。這樣就省去賬款回收中先將支票交給企業的程序，銀行收到支票可直接轉賬。

⑵銀行業務集中法。企業在主要業務城市開立收款中心，指定一家開戶行為集中銀行，集中辦理收款業務。這樣節省了客戶支票到企業再到銀行的中間週轉時間，加速了收款過程。不過這兩種辦法稍微增加了一些管理成本，可視情況使用。

⑶加速收款。如果客戶在 30 天內償付貨款，就給予 2%的折扣；60 天內付款，就給予 1%的折扣；90 天內付款，就須全數收取。採取折扣的方式鼓勵銷售回款。

現金支出的技巧：

⑴推遲支付應付賬款。一般情況下，對方收款時會給企業留下信用期限，企業可以在不影響信譽的情況下，推遲支付時間。

⑵採用匯票付款。匯票支付結算方式存在一個承付期的過程，企業可以利用這段承付期延緩付款時間。

其實，不少企業已經在採用上面的方法，來為自己爭取到更多的現金。你不要以為這是雕蟲小技，在這個問題上，你要讓你的員工與他們軟磨硬泡，鬥智鬥勇，如果那個員工早收款晚付款做得很出色，這是他的本事，你要給予獎勵，並推廣他的經驗。

經常看到一些企業賺錢以後，就迫不及待地購置自己的廠房或大型設備，而往往自己的廠房或大型設備建好以後，企業也被銀行債務拖垮了。所以，需要佔用資金巨大、建設週期長的大型生產設備或固定資產，一定要儘量租用。

租賃可以分為兩大類：經營租賃和融資租賃。經營租賃是你租用別人的東西，不需要承擔所有權上的風險，如果出現問題，出租人負責維修，租賃期一到，還東西走人；而融資租賃就要承擔所有權上的風險了，租賃期滿之後，出租人就把資產的所有權轉給你，或者你可以出低價購買。

這樣，雖然短期內支付的費用相應多些，但能保留下足夠的現金流，支撐企業良性運轉。而當企業的資金積累到一定程度，完全可以支付這樣一筆鉅款的時候，才是考慮購置自有固定資產的時機。

很多企業老總會使用自己名下的汽車為企業服務。辦事時候用他們自己的車，然後按行駛里程給他們報銷汽油費，再給他們一些補助。

員工的工資也是筆不小的現金開銷，在這裏，你也可以動點小腦筋。有些企業習慣於每個月月初發當月的工資，有些企業習慣於月底發當月的工資，有些企業在每月 15 日發放上個月 1～30 日的工資，還有一種是每月 25 日發放上個月 1～30 日的工資。最後一種方式，延遲發放的時間有 25 天，公司相當於有 25 天的無息貸款可以利用。對公司現金流最有好處的，是第四種支付方式。

員工的獎金一般可以佔到該員工年薪的 20%～50%，在 A 公司，它甚至最多可能達到年薪的 80%。吸取員工工資發放方式

的優點，可以將獎金按照季、年度來統一發放。這樣，一可將這筆資金投入運營，二可避免員工頻繁離職。

員工工資獎金的延期支付，是一個選擇時間點的問題，但是，你絕對不能拖延工資。在這一點上，一定不能越線。失信於員工的做法是很可怕的。

持有現金比持有賓士寶馬房產別墅要有底氣得多。有了上面的一系列內功修煉，你的現金得到了一定的安全保障，也許手裏的現金逐漸多了起來。

但是，現金並不是越多越好，這裏，又用得上刀了，砍掉過多的現金！能給你帶來更多的利潤！聽來有些不可思議，但是，請繼續聽下去。持有的現金多了，你不利用，閑在那裏，就不能讓它們發揮作用，如果把這部份現金利用了，增值了，你的利潤就出來了，另外，持有大量的現金還會增加你的管理成本。

所以，你要確定公司最佳的現金持有量。綜合公司各個時期的現金需求，確定多少現金能滿足公司的現金要求。

現金最佳持有額度＝現金總需求/現金週轉次數

剛才談現金流總預算的時候，已經提到了現金總需求，你要有這麼一個預算數字。現金週轉次數主要取決於你的存貨天數和應收、應付賬款支付的快慢。儘量降低你的存貨天數，儘量加速回收你的應收賬款，拖延你付款的時間，能有效利用你的資金。

算出的這個現金最佳持有的額度，你手頭上拿著這些，就可以了。

借錢的成本很高，欠錢的後果很嚴重，每個企業家都明

白。可是，如果換作是你，能不能抵制住現金的誘惑？你在想，我的企業有這個能力圈到錢，銀行肯把錢借給我，企業肯把錢借給我，是我的實力的象徵，別的企業想借錢都沒有門路，我現在有這個條件，我爲什麼不借點？先拿了錢再說！

借了錢以後，企業沒有明確的投資方向。一些企業一方面有大量的存款，一方面還去借款；一些企業拿了錢，委託理財，或者同業拆借，關聯交易，最後把自己的資金鏈搞得很複雜，很脆弱。這種弊端顯而易見。

還有一種企業，是真正缺錢的，現金不足了，但是我還是奉勸你，不到萬不得已，不要借錢。

成熟的企業即使缺錢都不一定去借錢，而是把汽車賣掉再租回來，把倉庫賣掉再租回來，不一定非要借錢，就像當鋪一樣。爲什麼說企業管理不只是一門學問，更是一門哲學，其實就是這個道理。有時候單靠知識、常識的力量來約束一個企業家是不現實的，一個企業的成敗往往決定於他的管理哲學、人生哲學，在於他的自我控制能力和成熟的態度。對待現金流，用了「輕舟漫泛現金流」這麼一句話，就是希望企業家要乘輕舟，不要背太重的包袱，要循序漸進，不要盲目冒進，對現金流的管理要合理疏導，而不是堵和抽。

在企業資金週轉時，難免會有閒置資金。有的公司老總就想了，這些資金閑著也是閑著，怎麼讓它們越滾越多呢？一般來說，閒置資金可以選擇的運用途徑有很多，下面一一分析，你在放出你的現金之前，一定要深思熟慮。

(1)投資做點「短、平、快」的生意。這種做法有很大的危險性。首先是「短、平、快」的項目一般利潤不會太高，虧本

也很正常,而且,更大的風險是,「快」字容易出問題,本來想著能很快收回投資的,變得一拖再拖,短期投資變成了長期投資。

(2)存定期存款。這種方法獲利比較低,急需要用錢提前支取時還有利息損失,如果用存單抵押貸款,也會損失利息,明明有錢,卻因為存了定期取不出,也許你的這筆錢還是用更高利息的銀行貸款貸來的呢。貸款利率遠遠高於存款利率。

(3)購買股票。這種方法的缺點是風險大。企業把錢投向自己不熟悉的證券市場,可能越陷越深。

(4)購買房地產。這種方法的缺點也很明顯,購買房地產需要複雜的專業知識和法律知識,房地產變現能力不強,投資週期太長。

(5)企業間借貸。這個市場的利率一般比較高,但因為企業沒有放款的專業知識,容易上當受騙,對一起企業來說,短期安全可靠的資金運用方法就是購買債券。

心得欄

- -

- -

- -

- -

- -

- -

64

從供應商身上謀取利潤

採購原材料和配件、辦公設備等，應該是企業最重要的成本了。比如對製造業來說，原材料佔了總成本的絕大部份，因此企業最關注的就是採購成本了。據統計，電腦和汽車行業的採購成本為 60%～80%，消費電子為 50%～70%。假如企業降低了 8%的採購成本，那麼電腦和汽車行業的利潤增長率會增加 4.8%～6.4%，消費電子會增加 4%～5%。要降低採購成本，最直接的辦法就是向供應商開刀，向供應商要利潤。

不論是松下、通用汽車等老牌企業，還是戴爾、惠普等新興企業，都打造了強大的採購部門和完善精密的採購制度，並直接要求供應商降價或在一定的時間內停止漲價。採購部門已不僅僅是一個購入原材料的部門，同時也是企業的利潤中心之一。尤其是這些頂尖企業在掌握了價值鏈的主動權後，向供應商要利潤成為採購部門的主要工作之一。

2002 年福特汽車提升利潤的方法之一，就是要求供應商降價；通用汽車也一樣，其採購主管認為，減少成本是通用汽車和原材料供應商之間當年唯一真正的大事。

供應商代表著潛在成本的巨大資源，只需付出相對較小的

努力，就可以取得顯著性的成果。如果企業和供應商之間有著長期密切的合作，並且企業瞭解供應商的成本，那麼企業要求供應商降價、向供應商要利潤是完全可行的。

供應商賣東西總是希望價格越高越好，所以不要指望他們會主動降價，最低價永遠都要靠自己爭取。

供應商的利潤比人們想像的要多得多，而且產品的定價並不一定依據成本，而是由市場承受力決定的，所以無論面對供應商怎樣的要價，對很多產品而言，直接砍掉 15%或以上都是可行的，對服務而言，至少可以砍掉 30%。不是每一項都應該這樣砍，因為某些項目完全可以砍得更多。

山姆‧沃爾頓就是這一原則的擁護者，沃爾瑪在採購時堅定不移地堅持向供應商要利潤，只要抓住機會，他便伺機向供應商殺價。為了實現「天天平價」的策略，沃爾瑪在全世界範圍內尋找更為廉價的供應商。

比如在製造業發達的地區，沃爾瑪的採購專家們像獵犬一樣尋找著價格更低的商品。這些專家非常專業，而且態度強硬，他們會由一雙襪子需要多少紗線、紗線需要多少成本來推算襪子的成本，所以價格被壓得很低。因此，總有供應商不停地抱怨：「我們被壓榨得沒有一點利潤了！」

從這裏也可以看出，管理者要想成功逼迫供應商降價，必須對他們的情況瞭若指掌。不但要瞭解產品的來龍去脈，更要知道整體和個別服務的成本，有時對各生產元素和整體的瞭解，需要比供應商還要深，這樣才能在談判中時刻佔據主動，才能找到最低、同時也能讓供應商接受的價格。

這裏還有一種情況可能出現，就是供應商之間可能結成利

益共同體，一起給你施壓，要求你出高價。所以，對供應商的開發和管理應該是動態的，企業應該不斷尋找、開發供應商，尤其是開發更有威脅的供應商，以求在供應商之間營造彼此競爭的氣氛。這不僅對企業有好處，對供應商同樣有好處。

爲了降低採購成本，不斷要求供應商降價，向供應商要利潤，對企業本身來說無疑是有利的，但是，如果過分強調降價則會損害雙方的合作關係，不利於兩者之間的長期合作。這對企業的長期發展來說無疑是一種不利影響。

普爾斯瑪特是最早進中國的跨國零售業巨頭之一，曾一度擁有超過 50 家包括普爾斯瑪特會員店和諾馬特大賣場兩大品牌的大型連鎖商店零售企業，但是 2004 年，在北京、昆明、重慶等地卻先後爆出了普爾斯瑪特會員店關門倒閉的事件。這其中固然有多種原因，但是公司沒有調整好與供應商之間的關係，過度盤剝供應商，嚴重損害供應商的利益，卻是最不能忽視的一點。正是許多忍無可忍的供應商選擇哄搶普爾斯瑪特，或者停止對其供貨，甚至將其告上法庭，從而直接導致了普爾斯瑪特的破產。

很多人說商場就是戰場，其實這一觀點早已過時。商場，應該是一個生物共榮圈，應該確保每一種生物都能從中獲利，都能生存下去，才能共存共榮。企業在向供應商壓價的同時，一定要給供應商留下足夠的利潤空間，這才能維持好雙方的關係，也保證企業自己能夠持續盈利。

事實上，很多企業已經認識到了這一點，沃爾瑪和福特早已調整了對供應商的政策，沃爾瑪與供應商共用資訊，而福特則幫助供應商降低成本。在福特成本控制體系部門，有數十種

由福特採購部門員工和供應商組成的小組，共同商討怎樣優化
價值鏈的各個環節。

　　有遠見的企業家不僅能從供應商身上獲利，而且更能安撫
好自己的供應商，給他們留下足夠的利潤空間，在壓價時不會
太過分，同時想辦法幫助供應商降低成本、贏取利潤，以求得
雙方的長期合作，謀取雙贏。這種長期合作，對企業長期盈利
無疑很有幫助。

　　對供應商一手拿刀，一手安撫；既要向供應商要利潤，又
要維持好和供應商之間的關係，這就是一個矛盾。管理者的任
務，便是在這兩者之間找到一個平衡點，既能讓自己獲得最大
利潤，又能不損害兩者的關係，保證自己長期獲利。

心得欄 ------------------------------

65

讓員工都為節省成本而盡力

現代管理學之父彼得・德魯克曾經提出:「在企業內部,只有成本可言。」但是,傳統的成本管理只是看重於企業內部產品的生產製造過程,而沒有涉及企業成本發生的全過程。事實上,成本管理應該貫穿於企業經營管理的始終,應該涉及到所有的員工。可以說,企業中任何員工的工作都要涉及到成本,任何員工不注意,都會造成成本的上升。

另一方面,每一個員工的利益都和企業的效益休戚相關,對員工來說,只有企業贏利了,個人才能有更大的發展空間,才能得到更大的回報。正所謂「一損俱損,一榮俱榮」。

所以,企業中所有的部門和員工都應該全力以赴為公司賺錢而努力,同時,公司只有依賴群策群力,充分發揮群體的智慧,才能更好地節省成本、賺取利潤。不過,如何能讓每一個員工都能為節省公司成本、提升公司利潤而努力,就是管理者的重要工作了。

經濟學中有一個經濟人的概念,指的是時刻追求自身利益最大化的人。它雖是一種理論抽象,卻是對人性的最普遍反映。在經濟領域,人的這種特性就表現得更加明顯。

我們決不能認爲追求個人利益就是自私的，因爲這不僅是人的本性，而且也是經濟學賴以存在的基礎，是社會和企業發展的動力。總是希望自己的利益最大化，這便是現實中的經濟人，更是現實中的人、企業中的人。

對於企業中的員工來說，追求自身的利益也是非常正常、非常現實的，管理者只能對其引導，決不能反對。對於節省企業成本而言，如果員工看不到對自己的利益有什麼好處，他就不可能非常積極。所以，如果管理者只知道三令五申地讓員工爲企業的利益著想，注意爲企業節儉，卻不對員工進行任何獎勵，最後的結果很可能是嘴皮子磨破，成本還是降不下來。

只要爲公司節省了成本，公司就會及時地予以獎勵，讓員工看得見企業給他的好處。這樣一來，員工爲企業節省成本的意識自然就提高了，其他員工也一定會效仿。

日本的本田公司，爲了節省成本，向公司的廣大員工徵求意見。凡是意見合理、效果顯著的，公司採納的同時，會及時給予該員工獎勵。於是，本田節省成本的各種千奇百怪、難以想像的方法就紛紛出台了。有的員工建議吃午飯時把全部電燈關掉；有的員工建議在衛生間抽水馬桶的水箱裏放上幾塊磚頭，以緩解水流速度、節儉用水量；還有的員工甚至繼續建議：可不可以第一個員工上完廁所後先不沖，等第二個員工再上完的時候再沖？一次沖兩個人的，不是又可以節省一半的成本了嗎……

也許這只是個笑話，不過卻給管理者帶來了一個很好的啓示：激發全體員工的積極性，讓每一個員工都積極爲公司出謀劃策，往往可以得到很多簡單、實用的節省辦法。三個臭皮匠，

還要頂個諸葛亮，何況這麼多員工！

　　當然，也正像愛普生公司的總裁所說，節儉下來的錢也許微不足道，但是這樣可以幫助員工樹立樸素求真的觀念和作風，這對整個公司來說才是最重要的。

　　而管理者激發員工積極為公司出謀劃策的關鍵，還是在於要及時給予獎勵。無論建議是否採納，首先要對員工表示感謝；對採納的建議，應該根據貢獻的大小及時獎勵，最好是物質獎勵和精神獎勵並重。

　　每一個人都能用心去創造，切實為企業利益著想，那就意味著企業在各個層次都將產生巨大的凝聚力。盤活企業，首先盤活人。如果每個人的潛能發揮出來，每個人都是一個太平洋，都是一座喜馬拉雅山，要多大有多大，要多深有多深，要多高有多高。

　　任何一個團體或組織的存在都是為了價值的提升，每一個人都是一個利潤中心，都必須為企業節省成本、創造利潤。不給企業節省成本的人最終會成為企業的包袱。如果這樣的包袱過多，任何企業的利潤都別想輕易提升。

66
要不斷地激發員工活力

‧‧‧

有一句成語，叫做「流水不腐，戶樞不蠹」，意思是事物只有時刻保持活力，才會最具生命力。企業也是如此。

銷售的增長、利潤的提升，說到底都需要員工來實現，如果員工不思進取、缺乏活力，即使企業的產品再出色，營銷策略再完美，業績也很難獲得提升。

員工的活力是支撐利潤增長的重要基石，沒有員工的活力，任何企業的利潤增長都會停滯。銷售人員如此，其他人員也是如此。如果企業的經營者真正意識到人才啟動的重要性，並能積極採取措施激發企業成員的活力，那麼團隊全體成員的潛能將會被激發到最佳狀態。

要激發員工的活力，有兩條途徑，一個是進，一個是出。進，就是引進外來人員；出，就是淘汰落後員工。一邊是進，一邊是出，把企業經營成一條流動的河。流動起來的河水是不會腐臭的，流動起來的企業也是最具活力的。

挪威漁民出海捕沙丁魚，如果回來時魚還活著，賣價要比死魚高出許多倍。因此，很多漁民都想方設法讓魚活著回港，但種種努力都失敗了。只有一艘漁船卻總能帶著活魚回到港

內，收入豐厚，但原因大家一直不清楚。直到這艘船的船長死後，人們才揭開了這個謎。原來這艘船在捕了沙丁魚返回時，每次都要在魚槽裏放一條大鯰魚。鯰魚進入魚槽後由於環境陌生，自然向四處游動，到處挑起摩擦，而大量沙丁魚發現多了一個「異己分子」，自然也會緊張起來，加速游動。這樣一來，就一條條活蹦亂跳地回到了漁港。

人們把這種現象稱之爲「鯰魚效應」。人也是一樣的道理，只有強烈地感覺到外來壓力和競爭氣氛時，員工才會有緊迫感，才能激發進取心，企業才有活力。而管理者的任務，就是找一些外來的「鯰魚」加入員工隊伍，製造一種緊張氣氛，發揮鯰魚效應。

日本本田汽車公司的總裁本田宗一郎曾面臨這樣一個難題：公司裏東遊西蕩、人浮於事的員工佔了大約兩成，這類員工嚴重拖企業的腿，但是又不能將他們全部開除。因爲一方面受到工會方面的壓力；另一方面，又會使企業蒙受損失。其實，這些人也能完成工作，只是與公司的要求相距得遠一些。於是，本田找來了自己的得力助手、副總裁宮澤。宮澤便提出了爲公司尋找鯰魚的策略。

本田開始了人事方面的改革。因爲公司裏銷售部的觀念離公司的精神相距太遠，過於守舊，所以本田決定先打破銷售部門的沉悶氣氛。經過週密的計劃和努力，本田終於把松和公司銷售部副經理、年僅35歲的武太郎挖了過來，取代了以前的銷售部經理。

武太郎接任後，憑藉自己豐富的市場營銷經驗和過人的學識，以及驚人的毅力和工作熱情，受到了銷售部全體員工的好

評,員工的工作熱情被極大地激發起來,活力大爲增強。公司的銷售很快出現了轉機,銷售額直線上升。而銷售部作爲企業的龍頭部門,很快又帶動了其他部門經理人員的工作熱情和活力。

此後,本田公司每年都會從外部「中途聘用」一些精幹的、思維敏捷的、30 歲左右的生力軍,有時甚至聘請常務董事一級的「大鯰魚」。這樣一來,公司上下的「沙丁魚」都有了觸電式的感覺,從而使整個公司顯得生機勃勃。

自從本田公司推行了鯰魚效應的管理辦法後,企業的產品質量和銷量大大提高,利潤也直線上升,公司很快步入了大企業行列。

當企業內部缺少活力,員工懶散、沒有鬥志的時候,經營者就應該想辦法爲公司尋找「鯰魚」,以激發整個團隊的積極性。

一位動物學家對生活在非洲大草原的羚羊進行研究,發現東岸羚羊群的繁殖能力比西岸強,奔跑速度也不一樣。動物學家百思不得其解,因爲這些羚羊的生存環境和屬類完全相同,食物也都是以同一種牧草爲主。

於是,他在兩岸各捉了幾隻羚羊,把它們送到對岸。很快他就發現,被送到東岸的羚羊只剩下了一半。動物學家終於明白,東岸的羚羊之所以強健,是因爲它們附近生活著一個狼群;西岸的羚羊之所以弱小,是因爲缺少了這麼一群天敵。

沒有競爭的動物往往最先滅絕,有競爭的動物則會逐步繁衍壯大。這就是達爾文提出的自然界生物進化的規律:優勝劣汰、適者生存。現在,這一理論早已被管理學家運用到企業內

部的管理上來。

在企業中引入競爭機制，實行末位淘汰，就會使每一個員工感受到生存的壓力。為了不被企業淘汰，大家只有更盡心地做好本職工作。這樣一來，整個企業的活力也就被激發出來。

留下優秀的，淘汰落後的，這也是諸多世界知名企業中的一個共同的關於激勵和發展的成功法則。通過優勝劣汰，把對公司發展不能提供更多幫助的員工請出局，而對那些具有成功潛質的員工悉心培養，就可以提升整個企業的效益。而在末位淘汰上貫徹得最徹底、最有成效的，應該是傑克·韋爾奇的通用電氣。

傑克·韋爾奇認為，任何公司或部門，都有 20%的優秀員工，70%的中等員工和 10%的應被淘汰的員工。他按照 4 個 E 加一個 P 的標準把員工分為 ABC 類，那些最差的必須走人。所謂的 4 個 E 和一個 P，指的是精力(Energy)、激勵他人(Energize)、判斷力(Edge)、執行力(Execute)加上激情(Passion)。韋爾奇讓他的每個部門負責人都自己來列這個評價表，優秀的有獎勵，中等的需要幫助和培養，落後的開除。韋爾奇將此稱為活力曲線。

韋爾奇還告誡企業經理人說：「行動能力是淘汰出來的。你最重要的工作不是把最差的員工變成表現不錯的員工，而是要把表現不錯的員工變成最好的。」

優勝劣汰、適者生存。自然界如此，企業裏也同樣如此。只有留下優秀的，淘汰落後的，才可以激發員工的工作熱情，提高企業的績效和競爭能力。淘汰掉一些落後的員工，也有利於保護優秀的員工，因為企業的目標是要啟動整個組織。

對外引進「鯰魚」，對內淘汰落後員工，如果經營者做到了這一點，相信任何企業都能保持足夠的活力，使利潤獲得大幅提升。

心得欄

67

告別「大手大腳」

「誰知盤中餐，粒粒皆辛苦」這句詩大家都很熟悉；「一粥一飯，當思來之不易；一絲一縷，恒念物力維艱」。

那我們現在還需要勤儉節儉嗎？答案是肯定的，這個古老的話題其實一點也不老。這個時代同樣需要節儉的精神，同樣需要摒棄大手大腳的作風。

每一個員工都應愛公司如家，做到勤儉節儉，告別大手大腳，從小事做起，從我做起，從點點滴滴做起。樹立「勤儉節儉光榮，奢侈浪費可恥」的觀念，讓節儉形成一種風尚，流行在公司的每一個角落。

勤儉節儉，從我做起，說起來容易做起來難。回想一下我們在工作和生活中是否真的時時刻刻做到了勤儉節儉。外面豔陽高照，可是辦公室卻還開著燈，也沒有人主動去關掉。紙張只寫了幾個字，就被丟進了垃圾箱；不懂得複印的時候紙張可以用兩面；電腦長時間沒有人用也沒有關；水龍頭的水嘩嘩地流；拿著辦公室的電話聊天……

看看這些，你都注意到了嗎？其實只要我們稍加注意，就能做得更好，但是我們有時候認為是在公司而不是在自己家

裏，不需要注意那麼多，甚至有的人認爲浪費的不是我的錢，我不需要心疼，關鍵就在於你沒有把自己真正融入企業中，沒有養成節儉的良好習慣。勤儉節儉要從自己做起，這不是一句空話，而是要付諸實踐的。

日本豐田汽車公司的員工是怎麼從自身做起的：爲了節儉用水，豐田公司的員工在抽水馬桶裏放了三塊磚，這樣可以在沖水的時候節儉水量；筆記用紙正面書寫完後，裁成四段訂成小冊子，反面再作便條紙使用；一隻手套破了，只換一隻，另一隻破了再換；員工上班時，如要離開工作崗位三步以上，一律自覺的跑步，爲的是節省時間；每次開會前貼出告示，告訴與會者一秒鐘值多少錢，然後再乘以開會時間，這就是開會成本。這樣的事例在豐田公司數不勝數。

看到這些，也許你會覺得豐田公司的員工實在是太小氣了，偌大的一個世界性知名企業，還在乎這麼一點點浪費嗎？大手大腳一點又何妨呢？這在很多外人看來，簡直是不可思議的事情。殊不知正是由於豐田汽車公司員工的這種「小氣」，才成就了豐田公司今天的輝煌。一個豐田公司的利潤竟然超過了美國三大汽車公司利潤的總和。

同豐田公司的員工相比，我們的身份是一樣的，但是節儉意識卻反差很大。是因爲沒有意識到，還是因爲沒有落實到行動上？應該這些原因都有，不過多半是心態的問題。

每個員工都要意識到節儉是一個人的美德，大手大腳地浪費是可恥的。公司爲我們提供了職位和發展的機會，員工就必須要爲公司的發展做出貢獻，而從進入公司開始就要做到的貢獻就是節儉。壓縮各種經費的開支，可能不是員工能做到的，

但是少用幾個一次性紙杯，用完水馬上關掉水龍頭，不要浪費用電，是任何一個員工都能做到的。這些節儉其實也關係到我們每一名員工的切身利益，因爲公司的利益同我們個人的利益息息相關。節儉的錢其實都是每個員工自己的。

勤儉節儉，從我做起，不是一時的，而是要長久堅持的，不是只在人前做，到了人後就浪費，而是要做到處處都節儉。

有點「小氣」精神和節儉意識是應該的，做什麼事講排場、擺闊氣、鋪張浪費、不珍惜資源、不珍惜時間，就是有金山銀山，也會有枯竭殆盡的時候。

不管在什麼樣的公司，不管在什麼樣的環境下，勤儉節儉、艱苦奮鬥的精神是永遠不會過時的，一個公司沒有勤儉節儉的精神作支撐是難以長期發展的；同樣，一個沒有勤儉節儉精神作支撐的民族是難以自立自強的。「聚沙可成塔，積水可成淵」，告別大手大腳，從我做起，從小事做起。每個員工都是浪花裏的一滴水，無數滴水彙聚起來，才有波瀾壯闊的大海！一個人的節儉是有限的，但無數個員工的力量組合起來，就有無窮的力量，便會節省出無窮的財富。

勤儉節儉，從我做起，確切地說是從自身的崗位做起。俗話說，成由儉敗由奢。對一個家庭來說如此，對一個單位來說也是如此，對一家企業來說更是如此。一家好的企業家大業大，如何在節儉上做文章，怎樣才能讓員工樹立「大家」意識，防止不必要的生產浪費？往往是一個棘手的問題。重要的就是員工要把節儉落實到實處，也就是要落實到自身的崗位上。

也許有人會說，完全沒有必要。但是員工「小氣」的背後有著太多深層的含義，這種「小氣」不僅僅是提高效益和降低

了生產成本，增強了廣大工人愛廠如家的責任感，有利於形成健康向上的企業文化，更為重要的是減少了資源消耗、促進了環保意識。

不管在什麼崗位，只要用心，就能找到節儉點，就能享受到節儉帶來的好處。身為一個企業的員工就應該意識到，為企業節儉是每個員工應盡的責任，關注企業的發展是每個員工的義務。企業的管理階層和工人都自覺地節省起來，才能營造出精打細算的企業氣氛。無論是在辦公室，還是在工廠，每個員工都要記住節儉是隨手可做的一件事情。

在公司經常會看到這樣的場面，在單位的食堂裏，大家都排隊打飯，有些員工並不是按需索取，而是一味地要求多打點，最後吃不完的，就倒掉了。而有的員工則是自己能吃多少就打多少，做到絕不浪費。

現在我們的生活中似乎少不了一次性筷子、一次性紙杯，還有只使用一次的塑膠袋。這些一次性用品的出現助長了人們浪費的習慣，消耗了大量的資源。我們是否應該反思一下如何才能保留老祖宗留下的節儉美德呢。

美國前總統羅斯福的兒子，有一次和同學們一起結伴到歐洲去旅行。他在歐洲買了一匹馬，想騎馬旅行給商家做廣告。有了這個想法後，他打電報給父親，要求寄錢過來。他在電報中說，這是一項很好的投資，他將騎馬去冒險，給家裏賺一大筆錢。

羅斯福收到電報後並沒有給兒子寄錢，而是給他回了這樣一封電報：來電收知，「祝賀」你做了一筆一本萬利的投資。若投資失敗，我建議你游泳游回美國！

兒子接到這封幽默而嚴屬的電報後，很快就改變了原來的「奇思妙想」，賣掉了馬匹，和同伴們一起乘船回到了美國。

羅斯福是沒有錢嗎？不是，那他爲什麼不給兒子寄錢呢，是因爲小氣嗎？也不是，他是不願讓兒子養成大手大腳花錢的習慣，不願兒子見利忘義誤入歧途。

身爲總統，能做到對兒子嚴格管制，確實值得佩服，也爲我們樹立了榜樣。讓我們明白，拒絕不合理的消費和要求是很重要的。

大手大腳花錢的習慣是應受到嚴屬告誡的，這樣才能培養正確的理財消費觀念。很多企業家發家的秘訣就是「小氣」，尤其是在創業的初期。財富都是靠積累而來的，在理財上大手大腳的人，往往是薪水一發就見底，典型的「月光」一族。這樣的做法既不利於個人事業的發展，也不利於今後家庭生活的美滿。因此，告別大手大腳的消費習慣是十分必要的。

心得欄

68

積極補位，避免無謂的浪費

·····················

在企業中，職能的閒置或重疊，分工沒有落實好，都會導致缺位、錯位的現象。有時做一件事需要得到他人的協助，如果分工沒有做好，別人可協助也可不協助，那麼要做的這件事就很難做了。在工作中，如果有一名員工缺位，那麼就很有可能帶來等待、停滯等現象，這樣就會在很大程度上降低工作的效率。其實，很多組織做事效率不高，很大程度上就是因為個別人的缺位。

所以，企業要提高效率，降低生產成本，需要每一名員工的積極補位。只有在工作中具有積極補位的意識，才可以避免一些無謂的浪費，提高企業的效率，創造更多的利潤。

每一名員工都應該有補位意識，不要像機器一樣只做分配給自己的工作。一位知名企業家說過：「除非你願意在工作中超過一般人的平均水準，否則你便不具備在高層工作的能力。」

在企業中，如果你能做到在原來的基礎上更加努力地多做一點，你就會取得更好的成績，獲得更多的收益。

高洋是一名跨國集團的總裁，常年都要坐飛機到國外去管理公司的業務。有一次，高洋出差到日本東京。東京的夜景世

界聞名，到日本後不久的一天晚上，高洋請在日本工作的弟弟陪他上了住友三角街的頂層，這裏是東京觀賞夜景的最佳地點。與紐約、洛杉磯、新加坡等地金光閃亮耀眼的夜晚不同，東京的夜景宛如星河瀉地，銀燦燦一望無際。

看著無數燈火通明的辦公大樓，高洋問弟弟：「為什麼這麼晚了，辦公樓還都亮著燈？」

弟弟回答道：「一般公司職員都工作到很晚。」

在日本工作期間，高洋白天有自己的安排，傍晚下班時，他總在弟弟工作的公司附近與他會合，兩個人一起逛街。

有一天他們走岔了，高洋等了很久不見弟弟蹤影，於是就進他公司去找。高洋本以為這麼晚公司裏一定會空空蕩蕩的，可推開辦公室的門，卻看到裏面熙熙攘攘，熱鬧非凡，一大半屋子的人都還在忙碌著，而這時已經下班一個小時了。

出門遇上了弟弟，高洋問他：「下班這麼久了你的同事怎麼還不走？」

弟弟說：「日本人就這樣，其實他們也不是必須加班不可，只是幹活兒幹得意猶未盡，還想再找點什麼事幹幹。」

那天乘輕軌火車返回東京遠郊的住所時，已是深夜了，而車廂裏擠得滿滿的。望著這群滿臉倦意、默然站立的日本「上班族」，高洋內心震動了——他們竟然是這樣工作的！

積極補位，從另一方面也可以理解為多做一些分外的工作。沒有那個老闆不欣賞這樣的員工，因為任何一個老闆都知道，只有這樣的員工才能使企業避免浪費，才能為企業創造利潤。

　　保羅在一家五金店做事，每月的薪水是 75 美元。有一天，一位顧客買了一大批貨物，有鏈子、鉗子、馬鞍、盤子、水桶、籮筐，等等。這位顧客過幾天就要結婚了，提前購買一些生活和勞動用具是當地的一種習俗。貨物堆放在獨輪車上，裝了滿滿一車，騾子拉起來也有些吃力，顧客希望保羅能幫他把這些東西送到他家去。其實送貨並非是保羅的職責，保羅完全是自願為客戶運送如此沉重的貨物。

　　途中車輪一不小心陷進了一個不深不淺的泥潭裏，顧客和保羅使盡了所有的力氣，車子仍然紋絲不動。恰巧有一位心地善良的商人駕著馬車路過，幫他們把車子拉出了泥潭。

　　當保羅推著空車艱難地返回商店時，已經很晚了，但老闆並沒有因保羅的額外工作而稱讚他。一個星期後，那位商人找到保羅並告訴他說：「我發現你工作十分努力，熱情很高，尤其我注意到你卸貨時清點物品數目的細心和專注。因此，我願意為你提供一個月薪 500 美元的職位。」保羅接受了這份工作。

　　在實際工作中，每一名員工都應該多做一些分外的工作，也許你的一些額外的付出會給你贏來財富。

　　如果你是一名貨運管理員，也許可以在發貨清單上發現一個與自己的職責無關的未被發現的錯誤；如果你是一個過磅員，也許可以質疑並糾正磅秤的刻度錯誤，以免公司遭受損失；如果你是一名郵差，除了保證信件能及時準確到達，也許可以做一些超出職責範圍的事情⋯⋯這些工作也許是專業技術人員的職責，但是如果你做了，就等於為企業節省了資源，創造了利潤。

　　不要輕視分外的工作，每一項工作都要全力以赴地去做，

終有一天你會因為自己做了一項分外的工作而為公司作出貢獻，為自己贏得機遇。

李小姐是一家大型企業的品檢員。有一天，他看見公司的一位宣傳員正在為公司編撰一本宣傳材料。但是，他發現這位宣傳員文筆生疏，缺乏才情，編出來的東西無法引起別人的閱讀興趣。因為自己平時喜愛閱讀，有些文采，李小姐便主動編出一本幾萬字的宣傳材料，送到了那位宣傳員的面前。

那位宣傳員發現，李小姐所編撰的這一本材料文筆出眾而翔實，遠超過自己的水準。他大喜過望，便捨棄了自己所編的東西，把李小姐所編的材料交給了總經理。

總經理詳細地把這本宣傳材料看過了一遍之後，第二天，把那位宣傳員叫到了自己的辦公室。

「這大概不是你做的吧？」總經理問那位宣傳員。

「不……是……」那位宣傳員有些戰慄地回答。

「是誰做的呢？」總經理問道。

「是工廠裏的一位品檢員。」宣傳員回答。

「你叫他到我辦公室來一趟。」總經理讓宣傳員找來李小姐。

「小夥子，你怎麼想到把宣傳材料做成這種樣子的？」總經理問他。

「我覺得這樣做，既有益於對內部員工進行宣傳，灌輸我們的企業文化、理念和管理制度，更有益於對外擴大我們企業的聲譽，加強我們的企業品牌，有利於產品的銷售。」李小姐回答道。

總經理笑了笑說：「我很喜歡它。」

　　這次談話後沒幾天，李小姐被調到了宣傳科任科長，負責對外宣傳自己的企業。不到一年時間，他因為在工作中表現出色，被調到總經理辦公室擔任助理。

　　人在職場，我們不但要把自己的工作做到位，而且還要善於補位，只要關係到公司利益的事務，我們就應該把它做好。儘管這些老闆並沒有吩咐去做，但我們所做的一切，都將會為我們贏得很好的回報。

　　只有樹立積極補位的意識，主動地去做分外的工作，才能使企業避免無謂的浪費，並為企業節省人力和物力。

心得欄

69

節儉能保障個人職業之樹常青

　　每一位員工，都應該在工作和生活中提高節儉意識，養成為公司節省每一分錢的好習慣。從根本上說，員工的每一個節儉舉動，其實都是在為公司賺錢，而只有不斷地為公司賺錢，才能保障個人職業之樹常青。

　　工作中，一些員工習慣為自己的失敗尋找藉口。在「浪費」這件事情上，給自己尋找理由則是大多數人的做法。

　　然而，習慣了「浪費」，不但耗費了更多資源和金錢，還讓自己喪失了敬業精神、責任感。長此以往，必然對個人成長、事業發展造成災難性的影響。

　　被稱為「日本經營之神」的松下幸之助，在創業過程中，非常重視培養員工節儉的習慣。有一位老員工，專門負責跑業務，深得松下幸之助的器重。後來，他被調到生產工廠，負責現場作業管理。松下幸之助的意思是，再磨煉一下，把這位老員工培養成骨幹。但是，近距離的接觸，讓松下幸之助很失望。

　　原來，這位員工不懂得節儉，在生產過程中很浪費，這是松下幸之助最不願意看到的。後來，松下幸之助多次提醒他注意節儉資源，但是對方總是給自己尋找浪費的理由，並且振振

有詞。時間一長，松下幸之助無法繼續忍耐下去了，乾脆辭退了這位員工。

現實中，我們一些員工沒有成本意識，他們對於公司財物的損壞、浪費熟視無睹，讓公司白白遭受損失，自然也使公司的開支增大，成本提高。

老闆是很有成本概念的，自己公司裏的一草一木都是自己辛勤掙的，來得都不容易，能不浪費就決不浪費。而一些員工是沒有成本概念的，拿公司的錢不當錢，花起來大手大腳，尤其是在一些辦公用品的消耗上，只顧自己用得舒服，那管什麼成本意識和節儉概念。現在的老闆都崇尚節儉，又豈容你隨意浪費？

事實上，能從細微處著眼、替企業著想的員工，一定也會在其他方面替企業著想，這樣的員工當然也就是能為企業賺錢的員工。一個具有成本意識、能夠事事維護企業利益的員工，才是老闆最願意接納的好員工。

有節儉意識的員工，總是時刻想著怎樣才能為企業降低成本，減少浪費。當使用企業財物時，他們總是盡可能地減少各種損耗；在與客戶談判時，他們也會盡全力替企業壓低各項成本，從而為企業增加利潤；在經營項目時，他們會儘量做到用最少的投資，獲取最大的經濟效益。

每位員工只有具備為企業賺錢的責任感，才能夠付出具體行動，才能夠為企業省錢、賺錢，並在這種持續不斷的修煉中，養成良好的習慣，讓自己受益終生。

要想做一名讓老闆喜歡的員工，就要有責任心、敬業心、節儉心，踏踏實實從小事做起，從自我做起。這樣才能被老闆

重視、重用，才能保證自己的職業生涯順利發展。

　　總之，所有的員工都應當明白這樣一個道理：只有公司贏利，員工的個人利益才會有保障；唯有發揚節儉精神，員工才能保障職業之樹常青。

心得欄

70

節儉是企業和員工的雙贏

節儉是企業與員工的共同選擇，這是一種雙贏行為。每一名員工都應該以勤儉節儉為榮，以鋪張浪費為恥，切實為企業節省一切不必要的花銷，把節儉意識轉化為自主行動。惟其如此，企業與員工才能良性互動，得到共同發展，從而實現雙贏。

企業與員工本身就是一個共生體，企業的成長，要依靠員工的成長來實現；員工的成長，又要依靠企業這個平台；企業興員工興，企業衰員工衰。兩者相輔相成，不可分割。的確，企業與員工本身就是利益上的共同體，只有企業獲利，員工才會最終獲利。作為一名員工，如果一面在為企業工作，一面在打著個人的小算盤，是無法讓公司贏利的，而員工個人的利益更無從談起。

華人首富李嘉誠有一句至理名言：「企業的首要問題是贏利，贏利的關鍵是節儉，節儉是企業和員工的雙贏選擇。」

在 2005 年度《財富》全球 500 強中，英國石油公司一舉躍居第二位。數據顯示，2004 年英國石油公司的收入猛增 23%，大大高於沃爾瑪的 9.5%, 2851 億美元的銷售額也讓英國石油公司與沃爾瑪之間的差距僅為 29 億美元，什麼原因讓英國石油公

司有如此高的利潤呢？

英國石油公司總裁約翰這樣總結道:「英國石油的利潤,很大一部份是由公司員工自覺節儉省下來的。」

英國石油員工的屬行節儉是全球有名的。在英國石油公司,有這樣一個故事:一名工程師在設計一個新型的鑽井器械時,發現原來的該鑽井器械零件過多,這樣就會增加該器械的成本,而且也增加了安裝的難度,降低了員工的安裝效率。於是他利用業餘時間對該鑽井器械進行了重新設計,結果把該鑽井器械的零件從 18 個減少到 8 個,這樣一來,成本節儉了 40%,安裝時間也節儉了 75%。這位工程師為公司節省了一大筆開支,當然他也因此獲得了一筆不菲的獎金。

英國石油公司因為員工的節儉獲得巨大利潤,員工的利益也因為英國石油公司利潤的增長不斷增加,這兩者之間是成正比的。節儉給英國石油公司的員工帶來了切實的好處,英國石油公司的員工也就會自覺自願地為公司省錢,最後二者實現雙贏。

樹立節儉意識,對企業而言是一種良好的風氣,對企業與員工都有好處。如果你想成為一名卓越員工,那麼就一定要以勤儉節儉為榮,杜絕一切浪費行為,全力為企業降本增效出謀劃策。這些看似微小的事,其實都能表現出你對企業、對自己的一種負責的態度。優秀的員工都會加強自己的節儉意識,並將其轉化成自己的自覺行動,把節儉精神當成是企業文化的一部份大力弘揚。

不管是普通員工還是基層管理者,我們都要做「當家」的員工,都要有強烈的節儉意識,從小事做起,從自身做起,把

握每一個細節，精打細算。一旦員工的頭腦中形成節儉精神並習慣地這樣做時，一定會見效果。

「一粥一飯，當思來之不易；半絲半縷，恒念物力維艱。」節儉是我們的傳統美德，許多人在居家生活中很懂得精打細算，在工作中，也應該發揚這種節儉精神。

要把一個企業辦好，創出最佳效益，必須從大處著眼，從小處人手，精打細算，點滴節儉。節儉既是節儉資源、降低成本的需要，同時又是企業在市場競爭中生存與發展的客觀需要，也是員工愛企業如家的重要表現，同時也是企業對每個員工的基本要求。

嘴動、心動不如馬上行動。每一個員工，都要結合單位特點和不同崗位特點，積極查找和杜絕在日常工作中發現的各種「跑、冒、滴、漏」現象造成的浪費。

在一些企業可以看到，跑、冒、滴、漏似乎是長期解而未決的問題，以至於已成爲員工們見怪不怪的現象了。走進生產工廠，有時會看到蒸汽洩漏、水龍頭沒有關嚴的情況，這些都是顯性的跑、冒、滴、漏；有時還會聞到一股股刺鼻的氣味，這說明該工廠存在原料或氣體的跑、冒、滴、漏；而存在於生產工廠某些崗位中看不到、聞不到的隱性跑、冒、滴、漏則更多！這些跑、冒、滴、漏如不根治，會給企業帶來不可估量的損失。

「摳門」絕不是該花的錢不花，而是不該花的錢堅決不花，是消除跑、冒、滴、漏，杜絕鋪張浪費。「摳門」使企業大大降低了成本，提高了利潤，創造了核心競爭力。

71

花企業的錢就像花自己的錢一樣節儉

思科是世界 500 強企業，也是赫赫有名的跨國 IT 企業，年營業額近 200 億美元，僅 2004 財年贏利就高達 19 億美元，說他是財大氣粗一點都不過分。人們普遍認為，思科的成功是由於他們在正確的時間進入了正確的市場。然而，這一切並不完全是好運氣的結果。「客戶權益倡議」、「團隊建設」和節儉等企業管理文化，為思科的發展奠定了堅實的基礎。

可思科的節儉卻到了近乎「摳門」的程度，思科新聞發言人讓・皮維姍說，提倡節儉已經成為思科的企業文化的一部份，公司自 1984 年 12 月誕生起就在不斷強化這種理念。公司董事長約翰・摩格裏奇的格言就是：「花思科的錢，要像花自己的錢！」

在思科，節儉幾乎體現在日常生活的每一個細枝末節上。思科總部的自助餐廳和員工休息室的牆上，到處都張貼著名目繁多的「省錢技巧」。例如，乘坐協定公司的航班，每張機票平均節省 100 美元；把會議地點定在思科會議中心，比在酒店便宜等。

思科總部的辦公樓、實驗樓有好幾十座，但公司高層領導

卻只佔用一座中一層的一隅。從總裁錢伯斯算起，所有高層都只有一間背陰的小辦公室，外帶一間能放幾把椅子的小會議室。

思科把世界各國的行業、金融分析師們請來，向他們介紹公司的發展戰略，參觀各類新產品。公司高層領導悉數出動，技術人員熱心講解，但對這些能夠影響公司股票升降的參觀者，思科提供的午餐簡單得驚人，只是盒飯——三明治兩片、蘋果一個、巧克力和點心各一塊。

為了避免浪費，控制支出，包括錢伯斯在內的思科所有員工，出差都要遵循統一標準，只能坐經濟艙，住低價酒店，如果要升艙和住好一些的酒店，電腦會自動將超標部份從工資中扣除。

在員工休息室裏，赫然張貼著這樣的告示：每人每天少喝一瓶冷飲料，公司一年便可節儉 240 萬美元。於是有的員工替高層領導「分憂」，在留言板上寫下大字：「請喝自來水！」不過，雖然有「請喝自來水」之類的調侃，思科員工對於「勤儉持家」其實很重視。2005 年，思科通過各種手段降低的開支高達 19.4 億美元，相當於一年的利潤。

因為公司對思科員工來說確實是「家」，思科的 3 萬多名員工，個個都有公司股份，公司「摳」出效益，大家都會受益。有此利益為紐帶，自然會令行禁止。

員工的利益與企業的利益息息相關，員工的利益來源於企業的利益。因而，員工幫企業壓低成本少花錢，其實也就是在為自己謀福利，而且，這種福利有時還非常豐厚。

簡而言之，花公司的錢，就像花自己的錢。用對待自己錢的態度，來對待公司的錢。

　　把自己的利益與公司的利益聯繫在一起，爲公司省錢，其實也是爲自己省錢，這本身就是雙贏的事情。對待企業的資金，要像對待家裏的錢一樣，發揮資金的最大用途。

心得欄

節儉一元等於企業淨賺一元

··

　　公司的每一分利潤的產生都是要靠成本的投入和許多辛勤工作才能得來，而節儉一分錢、一角錢、一元錢並不費事，只要有了這個意識，潛力是很大的。節儉的每一分錢都是純利潤。

　　追求利潤是企業的根本目標。企業利潤就像人的血液一樣，假如企業造血功能不好，發展就會受到限制。要想實現利潤最大化，增加自身的造血功能，企業不但要會開源，更要會節流，降低各方面的成本，例如人力資源成本、辦公成本、業務成本等。利潤指標是定量的，如果降低了成本，就等於提高了利潤，節儉一元錢就等於創造了一元錢的利潤。

　　沃爾瑪是全球最大的零售企業，銷售額排在全球的前三名，並且每年都突飛猛進。在世界 500 強企業排名中，沃爾瑪已經連續幾年榮登榜首。沃爾瑪能在激烈的市場競爭中快速發展，主要依靠兩個看家本領：削減開支和薄利多銷。

　　那麼，沃爾瑪如何能做到這一點呢？是沃爾瑪創始人山姆•沃爾頓所創立的「節儉文化」幫助他實現了這一目標。

　　沃爾瑪的企業精神，一是千方百計地降低成本，降低售價，為顧客節省每一分錢。二是為顧客提供「超值的服務」，在顧客

花費一定的情況下，顧客能獲得相對「低價」的服務。為了信守承諾，讓利給顧客，沃爾瑪在工作中嚴格預防和控制各種開銷和消耗，對每一項開支都嚴格控制，採取倉儲式經營、嚴格控制管理費用、以強大的配送中心和通信設備作技術支撐等措施，有效地降低了商品的成本，通過「點子大王」的傳統，使沃爾瑪的員工不斷向管理層提供各種各樣節省費用的點子，節省每一分錢。在沃爾瑪公司擁有 500 多億美元的資產時，老闆山姆‧沃爾頓率領的採購隊伍仍然非常節儉，有時 8 個人住一個房間。

對此，有人問沃爾頓：「這麼大的公司為什麼還要那麼精打細算？」

沃爾頓回答說：「答案很簡單，我們珍視每一美元的價值。我們的存在是為顧客提供價值，這意味著除了提供優質服務之外，我們還必須為他們省錢。如果沃爾瑪公司愚蠢地浪費掉一美元，那都是出自我們顧客的錢包。每當我們為顧客節儉了一美元時，那就使我們自己在競爭中領先了一步——這就是我們永遠打算做的。」

所以，沃爾瑪提出了一個響亮的口號：「銷售的商品總是最低的價格」，為實現這一承諾，沃爾瑪想盡一切辦法從進貨管道、分銷方式、行銷費用、行政開支等方面節省資金，把利潤讓給顧客。

沃爾頓曾說過：「我們重視每一分錢的價值，因為我們服務的宗旨之一就是幫每一位進店購物的顧客省錢。每當我們省下一塊錢，就贏得了顧客的一份信任。」為此，他要求每位採購人員在採購貨品時態度要堅決。他告誡說：「你們不是在為商店

討價還價，而是在為顧客討價還價，我們應該為顧客爭取到最好的價錢。」

沃爾頓認為，要想讓利給消費者，就必須節省，節省一分錢等於淨賺一分錢。

對企業來說，成本越低就越具有讓利空間，在價格競爭中就越有優勢。為顧客節儉一美元，在產品售價上就可以低一美元，在競爭中就可能領先一步。節儉每一元錢既是為了顧客，也是為了自己。你為顧客省下那一分錢，顧客又會拿著它重新來你這裏消費。

作為一個員工，應該具有儘量節省費用，降低成本，為顧客節省每一分錢的想法。這樣，才能真正贏得顧客，贏得企業的成功。

要把一個企業辦好，創出最佳經濟效益，必須從大處著眼，從小處入手，精打細算，點滴節儉。

在市場競爭日益激烈的今天，節儉已經不僅僅是一種美德，更是一種成功的資本，一種企業的競爭力。

如今一些大公司提倡這樣的節儉精神：節儉每一分錢、每一分鐘、每一張紙、每一度電、每一滴水、每一滴油、每一塊煤、每一克料……

「省下的就是賺到的，省下的越多賺到的也就越多」這一理念，不僅適用於普通人的家居理財，同樣也適用於政府機關、所有企事業單位的主管與員工在工作中的貫徹執行。

73

習慣節儉的員工，一定更優秀

　　不管你是高級職員，還是普通員工，只要你做好了，為公司創造了利潤，公司就會給你回報。而好的員工就是善於創造利潤的員工，而利潤是可以「摳」出來的，所以摳法有道的員工才是最優秀的員工。

　　當我們說一個人很「摳」時，意思是指他小氣、吝嗇，不夠大方。大多數人都不喜歡摳門的人。但實際上，摳門只要摳對地方，是會產生非常好的效益的。

　　不論是我們個人還是企業都需要有「摳」的精神，為什麼呢？因為現在市場競爭如此激烈，公司要是不賺錢，就沒有立足之地，對於員工來說就沒有就業的機會。而「摳」就是要節儉，節儉出成本來，節儉出金錢來，也就是說「摳」能出效益。

　　說到「摳門」，我們不能不提到沃爾瑪。

　　世界最大的倉儲式零售商沃爾瑪的員工在「摳」上有自己獨特的一套，員工在成本控制方面做得非常好，可謂舉世聞名。沃爾瑪的商品現在遍佈全世界，幾十年來一直持續發展且贏利不斷。沃爾瑪的供應商都是經過嚴格挑選的，這樣保證了低價格高品質的進貨管道，負責進貨的員工在進貨成本上就先「摳」

出了利潤。一切不必要的開支，沃爾瑪的員工都會主動節儉下來，從來不會奢侈浪費。在這種整體的「摳」的環境中，每一個員工都受到潛移默化的影響，自覺在工作中節儉一切不必要開支，正是每個員工日積月累的節儉使沃爾瑪成為世界上成本控制最出色的企業之一。曾在沃爾瑪做了一次深入調查，發現其有一個既平淡卻又令人稱奇的重要秘訣。說平淡，因為這個秘訣不過是「節儉」而已。令人稱奇，則是偌大的企業竟「摳」得出奇：從部門經理到營運總監，隨身攜帶的筆記本都由廢報告紙裁成；每逢節假日，所有文職人員都要投入到繁忙的賣場中；所有員工不能在上班時間發私人郵件；每月手機費必須打出清單；採購部工作人員一旦被發現與客戶吃飯，要立即走人；大部份營業員不享受多種福利……

在沃爾瑪發生的一件小事，足以說明沃爾瑪的節儉精神：有一天，連鎖店的一位新員工，在給顧客包裝商品時，多用了半張包裝紙，繩子包紮完後多剪了一段，而這事剛好被巡視的沃爾瑪總裁山姆·沃爾頓撞見了。他看見後講了一番引人深思的話：「小夥子，我們賣的貨是不賺錢的，只是賺一點節儉下來的紙張和繩子錢。」

儘管山姆·沃爾頓成了億萬富翁，但他節儉的習慣卻一點也沒變。他沒購置過豪宅，一直住在本頓維爾，經常開著自己的舊貨車進出小鎮。鎮上的人都知道，山姆是個「摳門兒」的老頭兒，每次理髮都只花 5 美元——當地理髮的最低價。但是，這個「小氣鬼」卻向美國 5 所大學捐出了數億美元，並在全國範圍內設立了多項獎學金。

如今，美國大公司一般都有豪華的辦公室，現任沃爾瑪總

裁吉姆・沃爾頓的辦公室卻只有 20 平方米，公司董事會主席羅伯遜・沃爾頓的辦公室則只有 12 平方米，而且他們辦公室內的陳設也都十分簡單。羅伯遜還繼承了父親的傳統，他深居簡出，開老式拖車。一位理髮師說：「我給沃爾頓理髮都 85 次了，他從來沒多給過我一美分。」

微利時代，企業要學會「摳」才有利潤空間，員工更是要懂得「摳」之道。我們看到很多事業長青的優秀員工都有一個習慣——擅長在工作中「摳」。

企業裏所有員工都適當地「摳門」一點，那麼企業日常消耗的成本就會降底。在成本上精打細算，一年省下的錢會很可觀。「經濟」賬要算，「社會」賬也要算。省下了那麼多的水、電、氣，節儉的是寶貴資源。因而，企業對社會的貢獻也很大。這樣做不僅節儉了寶貴的資源，也培養了企業員工的社會責任。

一個企業就好比一個大家庭，平日在自己家的開銷上節儉有餘，對待自己的公司同樣應該節省。企業是非常需要像張經理這樣「摳門」的員工的，每一名員工都應該有這種「摳門」的精神，因爲有「摳門」的精神，才能讓企業節儉出一筆可觀的財富。

74

做好小事，替公司省錢

　　如果每個員工都在工作的時候節省一點點原料，累積起來，就會為公司節儉很多成本。節儉其實沒有大小之分，做好了小事，在小處注意節儉，一樣能為公司省大錢。

　　曾經有位作家這樣說過：「一根火柴棒價值不到一毛錢，而一棟房子價值要數百萬元，但是一根火柴棒卻可以摧毀一棟房子。」由此可見微不足道的潛在破壞力。浪費也是一樣的，你只是每天浪費了一粒米，或者每天浪費了一度電，看起來毫不起眼。可是一年算下來，就是一個很可觀的數目了。

　　「小」其實不小，可怕的是我們常常對它視而不見，忽略它的存在，對它採取一種無所謂的態度。對於很多員工來說，小事情往往很容易被忽略。事實上，「大」都是由小堆積而來的。一個人如果意識不到這一點，那麼他也很難有大的成就。

　　俗話說：小洞不補，大洞吃苦。防微杜漸，從點滴做起。「千里之堤，潰於蟻穴。」任何事物都有一個由量變到質變的演變過程，在小事上不注意，小節上不檢點，久而久之就會出現大問題。在我們的工作中，大家都應該有這種從小事做起，從小事抓起的意識。做好了一件小事，一樣可以為公司省錢。

要做好小事，就必須要有不忽略小事情的意識。把從小處節儉的觀念根植在腦海裏。從小事開始節儉，不論是對企業還是對國家都具有非常重要的意義。

愛爾蘭其實不存在電力短缺問題，但是節儉用電的觀念已經深入了每個居民的心中。如果留心觀察，節儉用電的事例在愛爾蘭人們的日常生活中隨處可見。

在愛爾蘭的大街上有一種為公共汽車站提供電子信息的顯示牌，這種顯示牌用來告知乘客公共汽車抵達本站的時間，這個牌子用的是太陽能。在愛爾蘭的大街小巷設有許多自動工作的停車收費器，每個停車收費器上面都有一個四方閃亮的小斜板，這也是太陽能裝置，為停車收費器的工作提供動力。

在愛爾蘭的首都——都柏林，許多公寓樓和辦公樓的樓道內都安裝了自動節電開關。這種自動控制的開關，可以隨手開燈；離開幾分鐘後，電燈就會自動關閉，省電又省事。

在愛爾蘭的普通居民家庭裏，人們也很注意節省。人離開家的時候，不僅關燈，還關暖氣，為的是省錢節電。

日常生活中的這些措施可以節儉多少電呢？似乎沒有人能回答清楚。但是這種處處從小事節儉的作風，並不是只掛在嘴邊，而是落實到了生活中的每一個角落。這種精神值得每一個員工效仿。如果在一個企業裏每個員工都這樣做，能省下的錢那肯定是相當可觀的。

古人云：「故君子必慎獨也。」應該說，在大庭廣眾、眾目睽睽之下，員工要做到節省是比較容易的，難的是在無人監督的時候，在獨自行動的時候，也能堅持這種小處節省的原則。這樣，才算是真正的主動做到了節省。

75

大方向經營，細微處管理

·······························

　　管理大師德魯克說過：「管理好的企業，總是單調無味，沒有任何激動人心的事件。那是因爲凡是可能發生的危機早已被預見，並已將它們轉化爲例行作業了。」對於一個企業來說，企業的正常運行很重要，但是利潤更重要，而精細化管理不但能管理好企業，還能爲企業節省出利潤，所以企業的管理由粗放走向精細也是必然的。

　　越是規模大的企業越是需要有好的管理，把管理做好其實就是爲了兩件事：提升營業額和降低成本。企業要想發展得好，就必須把產品賣出去，也就是銷售額要高。

　　一家專門生產童裝的公司連續 5 年來銷售額在同行業裏都遙遙領先，但是企業的利潤反而比同行少。按道理來說，銷售越好，營業額越高，利潤也就越高，

　　原來他們忽視了一個重要的因素——成本，他們的設備沒有同行的先進，成本的利用率遠不及同行高，就算賣的再多也沒有利潤，全被高成本吞噬了。

　　在這個充滿競爭的時代，幾乎所有的企業都將面臨或已經面臨微利的挑戰。微利時代的到來是一種必然，企業面臨的生

存形勢也越來越嚴峻，同行業之間的競爭也越來越嚴峻。

企業經營的最終目的就是贏得利潤，因爲利潤是企業生存的關鍵。在嚴峻的形勢下利潤空間日趨狹窄，比的就是成本，誰能低成本佔領市場，誰就是贏家。而市場的資源短缺也是一個事實，企業絕對經不起浪費了。在微利時代要生存，就必須學會控制好成本。有效地降低運營成本已經成爲多數企業競相追逐的目標。

戴爾電腦公司給經理人下達的任務是「更高的利潤指標，更低的運營成本」。爲了保證適當的利潤，戴爾公司對下屬機構的要求是儘量壓縮成本。

戴爾下屬公司的主要措施是裁員和出售不符合戰略的業務，或者在運營流程等方面壓縮開支。甚至有的任務在外人看來是不可能完成的。例如，1998 年戴爾公司在廈門建廠的時候，運營成本只有 IT 廠商平均水準的 50%左右。到 2003 年戴爾廈門工廠的運營成本與 1998 年剛投產時相比，只有當初的 1/3。2004 年財務報告顯示，就其第四季而言，戴爾的運營收入達到了 9.18 億美元，佔總收入的 8.5%；而運營支出卻降到了公司歷史最低點，僅佔總收入的 9.6%。

戴爾是靠什麼贏得市場的呢？有的說是靠直銷；有的說是靠供應鏈的快速整合。實際上，戴爾贏得市場是靠節儉來降低成本。這是一個微利時代，戴爾就是靠節儉成本成為競爭中的勝利者。

節儉已經不僅僅是一種美德，而是一種企業的競爭力。節儉的企業，因爲少了成本的牽絆，才會在市場競爭中遊刃有餘、脫穎而出。

在微利時代，企業只有一種必然的選擇：節儉！而粗放式管理顯然已經不適應微利時代。粗放式管理很容易滿足於「差不多」的管理，總是覺得只要大膽、有想法，就能盈利。不需要在節儉上下工夫。現在看來，這是一種非常不準確、不科學的管理，太大而化之了，難以顧及細節。在這樣的管理中，找不到任何有說服力的依據。

現在的市場已經很成熟了，不再像早期的市場那樣有大片的空白，有的是利潤空間。粗放式管理實際上是一種短暫的管理，它並沒有從企業的長期發展來制訂計劃。而事實上，任何時候都是計劃趕不上變化，企業內部的事務往往是朝令夕改，不穩定性極大，粗放式管理方式不能抵抗變化的風險。

心得欄

76

節儉並不代表吝嗇

　　當我們說一個人很「摳」時，意思是指他吝嗇，不夠大方。大多數人都不喜歡摳門的人。太摳的人往往喜歡貪小便宜，得到點蠅頭小利就沾沾自喜。但實際上，摳門只要「摳」對地方，是會產生非常好的效益的。

　　不論是我們個人還是企業都需要有「摳」的精神，為什麼呢？因為現在市場競爭如此激烈，公司要是不賺錢，就沒有立足之地，對於員工來說就沒有就業的機會。而「摳」就是要節儉，節儉出成本來，節儉出金錢來，也就是說「摳」能出效益。由此來看，我們還有理由拒絕「摳」嗎？

　　歐洲某位富商在飯店就餐時揀起了掉在餐桌上的麵包屑吃掉，走的時候把剩下的食物全部打包帶走了。國內的一家公司出台了一系列的節儉措施。公司規定：辦公紙必須兩面用；鉛筆用到 3 釐米才能以舊換新；大頭針、曲別針、橡皮筋統一回收反覆使用；員工洗手時，一濕手就應撐住水龍頭，打好肥皂後再重新撐開沖洗。

　　看起來，這些企業和富商都太「摳」了，為什麼要這麼「摳」呢？因為「摳」能出效益。追求效益是企業的本質屬性。效益

從那裏來？無非是節省開支或者增加收入，要想節省開支，就必須降低成本，「摳」就是爲了降低成本。

一隻鉛筆，一個大頭針，一個麵包也許算不了什麼，但是積少成多，積累起來就是相當可觀的數目。很多企業現在並不富裕，市場競爭又很激烈，企業要想生存下來，就必須居安思危，把富日子當成緊日子，不能大手大腳。「摳」就是爲了杜絕鋪張浪費，把能省的省下來，增加企業的效益。

企業最終的目的還是要盈利的，企業要是不盈利，員工的利益也得不到保障。企業不是慈善機構，既然你是公司的員工，公司給你提供了職位，給了你工資，那就是要你來做事情的。工資給得高，是因爲你懂得怎麼樣做得最好，你在這個崗位上能勝任。

不管你是高級職員，還是普通員工，只要你做好了，爲公司創造了利潤，公司就會給你回報。而好的員工就是善於創造利潤的員工，而利潤是可以「摳出來」的，所以摳法有道的員工才是最好的員工。而員工最好的摳法就是敬業，因爲沒有什麼比敬業更能體現一個員工的價值了，沒有什麼比把工作做得盡善盡美更重要的事情了。

微利時代，企業要學會「摳」才有利潤空間，員工更是要懂得「摳」之道。我們看到很多事業常青的優秀員工都有一個特點──擅長在工作中「摳」。

世界最大的倉儲式零售商沃爾瑪的員工在「摳」上有自己獨特的一套，員工在成本控制方面做得非常好，可謂舉世聞名。沃爾瑪的商品現在遍佈全世界，幾十年來一直持續發展且盈利不斷。沃爾瑪的供應商都是經過嚴格挑選的，這樣保證了低價

格高品質的進貨管道，負責進貨的員工在進貨成本上就先「摳」出了利潤。一切不必要的開支，沃爾瑪的員工都會主動節儉下來，從來不會奢侈浪費。

在這種整體的「摳」的環境中，每一個員工都受到潛移默化的影響，自覺在工作中節儉一切不必要開支，正是每個員工日積月累的節儉使得沃爾瑪成為世界上成本控制最出色的企業之一。

沃爾瑪的員工之所以能「摳」、會「摳」，就是因為他們秉著敬業的精神做好每一件事情，他們把公司的利潤看得比生命還重要，自覺培養了一種節儉的習慣，勇敢地迎接工作中的任何挑戰。

沃爾瑪的經營成本降低了，利潤自然就上來了，回報給員工的也更豐厚了，員工和公司都得到了發展。員工給沃爾瑪公司節儉的，其實就是給自己節儉的。

普惠的員工也和沃爾瑪的員工一樣的敬業。普惠的核心思想就是要消滅一切浪費，降低成本，追求企業效益的最大化，普惠的科研工作人員一直在努力研發更為公司節省的產品。近年來普惠公司開發出了一種新型的、高效的、環保的設備。普惠公司副總裁表示：「這種新型設備每年可使二氧化碳排放量減少 12000 噸或 12%。該設備還可利用渦輪從垃圾中提取熱量，以節儉能源使用量。」在市場競爭日趨激烈的時代，普惠提倡「摳」一點，再「摳」一點，大力開發節儉型產品來吸引企業，搶佔廣闊的市場。

普惠員工與沃爾瑪員工「摳」的相同點是，公司的員工都很敬業，都有節儉的意識和習慣，不同的是沃爾瑪的員工靠的

是在成本上「摳」，普惠的員工是在技術的「摳」上做文章。

不管是那個公司的員工，也不管是怎麼「摳」，他們都是在敬業的基礎上，做好本職工作的基礎上「摳」。這樣的「摳」門之道是最保險，也是最有效的。因爲本職工作一般都是自己最熟悉的，也是最好找到「摳」的地方，而且不需要額外投入太多的精力。

敬業是工作的思維模式和習慣，而摳門的表現只是在這種觀念指導下產生的行爲。有了敬業的觀念，自然就會處處以爲公司節省成本，最大的創造利潤爲己任。

所以說，「摳」是企業一個很好的生存發展之道，而敬業則是員工最好的「摳」門之道。

準確地做好工作，這對公司的發展有利，對員工的生存也有利。同時，也會提高公司客戶的滿意度。要做一個會「摳」的員工，就要懂得利潤是節儉出來的，「摳」的根本就是要在不損害企業利益的基礎上去節儉，從根本上去探索成本降低的潛力，避免不必要的成本發生，達到摳出效益的目的。既然摳能減少浪費，增加企業利潤，員工爲什麼不拋棄那些守舊的思想，認真地「摳」出效益來呢？

77

精打細算會「摳門」的員工很優秀

企業生存如居家過日子，企業員工若不會精打細算，不能量入計出，不能開源節流，杜絕浪費，企業的利潤就無法增加。

一位優秀的企業員工必然會以節儉爲己任。他腦海中存在「節儉光榮，浪費可恥」的意識，有節儉的習慣，還會自我約束、自我監督，像關心自己的家一樣關心企業，從而實現個人與企業的雙贏和共同發展。

如果公司員工欠缺成本意識，就會無形中提高企業的經營成本。如果員工沒有成本意識，那麼對公司財物的損壞、浪費就會熟視無睹，讓公司白白遭受損失，這樣自然就會使公司的開支增加，成本提高。

一個優秀的員工會對勤儉節儉始終身體力行。他們宣導艱苦奮鬥，提倡勤儉節儉，在這些行爲的背後其實隱藏著無數優秀、閃光的品質，例如敬業、責任、感恩……這樣的優秀員工怎麼能不得到總經理的青睞呢？這既是企業發展的需要，也是每個員工立身做人的需要。

一旦員工養成了克勤克儉、不畏勞苦、鍥而不捨的品性，無論他從事什麼行業，都能在激烈的市場競爭中立於不敗之地。

78

要將節儉理念融入企業文化

「歷覽前賢國與家，成由勤儉敗由奢。」這是唐代詩人李商隱在感慨唐朝由盛世走向衰敗的歷史教訓時寫下的詩句。

其實，企業的興衰又何嘗不是這樣？

奢侈對於企業來說，就像一杯含有劇毒的「美酒」。有些企業效益好一點，企業就頭昏腦漲，大肆揮霍，擺譜、顯闊氣，不是大吃大喝，就是購買豪華小汽車，建造豪華辦公樓。企業的奢侈不僅浪費了大量的資金、資源，同時還形成了一種奢侈、浪費的風氣，結果導致許多企業走上了破滅的不歸路。一種不好的、不健康的企業文化會毀掉一個企業，而一種優秀的企業文化則會造就一個成功的企業。開源節流是企業管理中永恆的主題，也是每位員工都要關注並且努力去實現的目標。因此，宣導節儉應該作為企業文化建設的一個至關重要的方面。

通過企業文化的建設來營造一種健康的節儉氣氛，從「要我節儉」的被動式成本控制管理，轉變為「我要節儉」的主動型全員成本控制管理，從而使企業行走在良性的發展道路上。

企業文化對於宣導節儉理念的作用是非常巨大的。日本、美國、西歐等地的很多企業在這一點上都做得很出色，非常值

得我們學習與借鑑。

你絕對想像不到，百安居公司總部是什麼樣子的。在百安居一樓賣場，偏僻的西南角擺了張小桌子，來訪者在有些破舊的登記簿上簽字後，通過狹窄的樓道，百安居總部就在眼前了。與明亮寬敞的賣場相比，堂堂總部辦公區顯得很寒磣。

經理們開會的環境更簡陋，一張能容 6 人的會議桌，毫無檔次可言的普通灰白色文件櫃。沒有老闆桌，總經理坐的椅子和普通員工一樣，連扶手都沒有。就這幾件物品，辦公室裏已顯得很狹窄了。

這些看上去有些令人驚歎。而他們選用廉價辦公用品的理由是：既然都能用，爲什麼要用貴的呢？

另外在百安居，一套成型的操作流程和控制手冊在員工手中被嚴格執行，在《營運控制手冊》的前言部份如此寫道：「我們希望所有員工不要混淆『摳門』與『成本控制』的關係，原則上，『要花該花的錢，少花甚至不花不該花的錢』，我們要講究花錢的效益。」而且「降低損耗，人人有責」的口號隨處可見。這種節儉文化的灌輸從新員工崗位培訓時就已經開始，並且常常在每天晨會中不斷灌輸、強化，就像新鮮血液一樣融入員工的文化血脈中。

有些人倒是很注重日常開支的節省，也不鋪張浪費，積攢下了大筆備用資金，但這種人也可能陷入另一種認識偏失，以爲節儉就是少花錢。其實這也是一種錯誤的想法，甚至是更加致命的錯誤。因爲企業要發展，事業要做大，就不可避免地要增加投入。如果我們把節儉僅僅理解爲「不該花的錢不要花」這一層面上，便顯得太膚淺了。

　　一個人買東西時判斷值不值，並不是單純地看它的售價，而是看它的性價比。同樣，企業在進行生產經營活動時要判斷節儉與否，並不單是看它花了多少錢，而要看它的投入與產出所形成的比例關係。如果你增加 10%的投入，能夠換來 50%的回報，那麼這樣的「浪費」還是值得的；相反，如果你砍掉了 10%的成本，卻造成了 30%的產值下降，那麼這樣的「節省」便顯得極為不明智。

　　有些企業發現自己的產品有殘次品之後不忍回收和銷毀，通過各種途徑銷往二、三級市場，結果引發一股跟風仿冒浪潮，最終害人害己。在短期來看，他們這種做法節省了不少成本，還從中回收了一部份製作成本，但從長遠來看，這種做法等於是自毀品牌，最終把自己送上了破產的境地。

　　節儉精神是叫我們節省下應該節省和可以節省的，包括杜絕鋪張浪費、減少額外支出、降低生產成本，而不是叫我們儘量省下一切東西。有些成本那怕再大，只要它是必需的，那也是值得付出的，例如研發資金的投入、廣告宣傳的費用。我們不應該把節儉局限於付出部份的多與少，而更應該注重它跟回報部份所形成的比例關係。這樣一來，你就會明白，節儉並不是簡單的少花錢，而是一種更加高明的投資。

　　正是這種無形的文化為百安居帶來了可觀的利潤。

　　其實，節儉不多的錢對百安居這樣的「財富王國」來說，可能無關痛癢，但關鍵是通過這種持續節儉的做法，形成了整個公司的節儉文化。可以說，正是這種節儉文化推動著這類企業的發展。

79

把節儉當成一種習慣

把節儉當成一種習慣，非一日之功，需要堅持不懈，持之以恆。培養節儉的習慣需要他人的監督，但更主要的是靠自己平時一點一滴地養成。

黨的十七大報告中強調指出：「宣導勤儉節儉、勤儉辦一切事業，反對奢侈浪費。」認真踐行這一要求，關鍵是要把節儉當成一種習慣。

習慣對一個人的行為有非常巨大的影響。科學研究表明，一個人每天高達90%的行為出自習慣的支配。

好的習慣，可以成就你的事業；而不好的習慣，可以毀掉人的一生。

被稱為「塑膠大王」的王永慶是台灣的巨富之一。他曾居美國《福布斯》雜誌華人億萬富翁榜首位，世界富豪排行榜第11位。顯赫的地位和巨大的財富與他白手起家的經歷形成了強烈的對比。王永慶成為國際工商界的傳奇人物並不像電影中那樣富有傳奇色彩，甚至說起來還很平凡，他的致富經驗用兩個字就可以概括——勤儉。

王永慶從小吃慣了苦，他一直保持著刻苦節儉的習慣。他

的一條舊毛巾，使用了 27 年，一直捨不得扔掉。因為使用時間太長，毛巾缺邊少沿，毛茸茸的，非常拉皮膚。他的太太十分心痛他，拿了一條新毛巾要他換。王永慶說：「既然能湊合著用，又何必換新的呢？就是一分錢的東西也要撿起來加以利用，這不是小氣，是一種精神，是一種警覺，一種良好的習慣。」

在吃的方面，王永慶很少在外面宴請客戶，一般都是在台塑大樓後棟頂樓的招待所內宴客。還經常採用「中菜西吃」的方式，讓大家圍在圓桌上，將個人盤子端出，由侍者分菜，一人一份，吃完再加，既衛生又不浪費。台塑集團內的職工食堂，也採取類似的自助餐形式，菜與飯都是自取，而且分量不限，可是舀到餐盤裏的飯菜絕對不可以剩下或倒掉，否則就要受罰。王永慶還時常提醒廚師要節儉能源，他說：「湯煮開以後，應立即將火關小，滾湯溫度達到沸點 100 度以後，繼續用火燒，那只是浪費電而已。」

在穿的方面，王永慶也十分節省。王永慶經常是實在有必要時，才去做一套西服。有一次，王太太發現王永慶的腰圍縮小了，平常穿的西裝顯得不太合身了，特地請了裁縫師傅到家裏給王永慶量尺寸，準備給他定做幾套合身的新西服。沒想到，王永慶卻從衣櫃裏拿出幾套已經很舊的西裝，堅持請裁縫師傅把腰身改小就行了，而拒絕定做新的。王永慶認為：「既然舊西裝還是好好的，改一改就可以穿了，又何必浪費去做新的呢？」

在行方面，王永慶也處處節省。有時甚至出國出差都只肯坐經濟艙，而不坐頭等艙。到了目的地以後，也不願住五星級賓館，大多住在當地的台塑集團招待所裏，就連外出時用的小轎車，也反對使用豪華車。

　　許多人都對王永慶在成為台灣大富豪以後，仍然在衣、食、住、行各方面艱苦節儉表示不理解，但是王永慶對此卻有他自己的獨特見解。

　　1975 年 1 月 9 日，在接受美國一所著名大學贈授博士學位的典禮上，王永慶所說的一段話就很發人深省。

　　王永慶說：「我幼時無力進學，長大時必須做工謀生，也沒有機會接受正式教育，像我這樣的一個身無專長的人，永遠感覺只有吃苦耐勞才能補其自身的不足。而且，出生在一個近乎赤貧的環境中，如果不能吃苦耐勞簡直就無法生存下去。直到今天，我還常常想到生活的困苦，也許是上帝對我的恩賜。」勤儉刻苦不但是他成長的座右銘，也是促使他成功的主要動力。

心得欄

像對待自己的家一樣對待企業

　　每一個人都會愛自己的家，因為家是自己棲身的地方，家是自己辛苦建立起來的，寄託了自己的希望，融入了自己的心血。而企業就不一樣了，有些員工並不愛企業，他們認為企業只是一個驛站而已，他們做不到投入長期的真實感情。

　　不懂得把企業當成家的員工，就不會像愛家一樣愛企業。更不會有一種強烈的主人翁意識，不用別人提醒就會主動去節儉，維護企業的利益。

　　在家裏，我們都會主動地去承擔屬於自己的那份責任，如果一個員工能像愛家那樣來愛企業，那麼他就會在企業裏也有這種主動的節儉意識。

　　只要一說到主動意識，很多員工就會搖頭，覺得那是一種非常崇高的理想境界和道德操守。這是一種非常錯誤的思想觀念，事實上這個概念非常通俗、樸實，很貼近我們的生活，和我們的工作生活息息相關。簡而言之，就是我們要把所有的事情當作自己的事情來做，有一種強烈的、發自內心深處的、一定要把事情做好的願望，這就是主動意識。

　　一個人要是有了主動的節儉意識，認識就會不一樣了。不

管遇到什麼事都會當成是自己的事情，不管還有沒有節儉的空間，他都會想著去節儉。他不會覺得有壓力和不適，而是從內心迸發出來的這種頑強、奮發的力量。

一個沒有主動節儉意識的人，他每天忙忙碌碌勤奮工作，但是不會想到去主動節儉。他也許是迫於生計才去做一份工作，感覺只是一份工作而已，不會有節儉的意識，更不會去主動尋找節儉的地方。

事實證明，所有的成功人士都有這種主動節儉的意識，全身心地投入工作，全力以赴去完成任務。並且在工作中做到主動節儉，為公司創造更多的財富。如果我們企業裏都是這樣的員工，那麼企業的凝聚力也會更強，節儉的資源也會更多，競爭力會更大，這個企業取得成功的幾率也就越大。

企業的利益和員工的利益是掛鈎的。企業發展了，員工的利益也相應會得到提升，員工的生活也會得到不斷地改善。如果員工在一個虧損的企業裏，他的工作積極性會遭受挫折和打擊，利益也得不到保障。員工必須有主動節儉的意識，這無論對個人還是對企業都十分關鍵。

有一個年紀很大的木匠要退休了。他告訴老闆：他想退休了，想回家跟妻兒享受輕鬆自在的生活。老闆實在捨不得這樣好的木匠離去，所以希望他能在離開之前，再蓋最後一棟房子。

木匠答應了，不過很快大家都發現，這一次他並沒有很用心地蓋房子，他用劣質的材料，沒幾天時間就草草地把這房子蓋好了。

落成時，老闆來了，順便也檢查了一下房子，然後把大門的鑰匙交給了他，說：「這是你的房子了，這是我送給你的禮

物！」

木匠頓時驚訝了，同時也很羞愧。如果他早知道這棟房子是自己的，他一定會用最好的建材，用最精緻的技術來把它蓋好。

從這個故事裏我們可以看出什麼呢？這個木匠缺少的就是主動意識。當老闆批准他的請求並要求他蓋最後一棟房子時，他就有了這樣的消極意識：反正不是我的房子，我也快走了，完成任務就可以了。他並沒有把他的好手藝發揮出來，而是敷衍了事，最後為自己建造了一所失敗的房子，留下一個無法彌補的遺憾。

在現實生活中，像木匠這樣的員工不在少數。他們常常覺得企業是老闆的，節儉也是老闆的事情，覺得老闆給我多少錢我就辦多少事，老闆要我做什麼事情，我就做什麼事情，而不是主動想著為公司節儉，而不是把自己的知識、能力和技術奉獻給供職的企業。

因為缺乏主動節儉的意識，從來沒有把自己當做是企業真正的一員，沒有想過要奉獻全部的力量來建設好企業這個自己的家，所以，導致了這樣的後果。

一個把企業當成自己家的員工，也會把企業的事當成是自己的事，處處為公司節儉，不浪費一分一文。企業到底能將節儉發揮到那個程度，員工擁有最大的決定權。

如果公司裏兩個職位一樣的員工，做著同樣的工作，但是一個員工卻總是大手大腳造成公司浪費，另外一個員工卻時時處處有節儉的意識，為公司節省任何一分可省的錢。一看就知道，到底那個員工才是真正愛企業的。很顯然，為企業著想的

員工也更受企業的歡迎。

許多企業雖然制定了很好的成本管理制度，就像家庭裏的家規一樣，可是員工要是不支持、不執行的話，最後還是得不到應有的成效。因此，企業要想節儉成本，關鍵還是要靠員工勤儉節儉的良好品質做保障。所有的員工都應該樹立這樣的意識，把企業當成自己的家，像愛護自己的家一樣愛企業。

有很多昔日無比輝煌的企業，如今卻銷聲匿跡了。轟然倒塌的原因，有管理者的原因，公司決策層的原因，但是無節制的浪費和員工缺乏節儉意識肯定是其中很重要的一個原因。例如有些公司的廣告費一年下來能浪費掉上千萬，有的公司一年的電話費就高達上百萬元，招待費也高的驚人。等這些企業出現危機時，員工只會拿著工資走人了，這些企業的員工並沒有把企業當成是自己的家，沒有節儉的意識，最終導致企業的失敗，員工失業。

企業要想在激烈的市場競爭中永遠立於不敗之地。員工就必須樹立節儉意識。這樣才能把企業的事當成是自己的事，處處為公司節儉，不浪費一分一文，企業才能把成本降到最低，企業的市場競爭力也會因而得到提高，從而盈利。

公司的員工把公司當成了自己的家，把公司的事情當成了自己的事情，嚴格控制成本，為公司節儉了可觀的資金。

作為企業的一員，要把企業的事情當成自己的事來做，時刻提醒自己，要把企業當成自己的家。樹立成本意識，養成節儉的好習慣，這對於維護企業利益具有非常重要的意義。企業發展了，首先回報的是員工，把企業當成家一樣來愛，最後受益的還是員工自己。

作爲企業的一名員工，一定要有老闆的心態，這樣就會把自己當作企業的主人，就會自覺地養成節儉的良好習慣，改掉不良陋習，杜絕鋪張浪費，爲企業的可持續發展做出應有的貢獻。

英代爾公司的總裁安迪·葛洛夫曾說：不管你到那裏工作，都別把自己當成員工，而應該把企業看成是自己開的一樣，這樣才能事事盡心盡責，傾力而爲。你也應該把節儉當成一種日程習慣，就像在家裏吃飯、睡覺一樣習慣。

如果你愛企業如家，自己就是家的主人，你就會爲企業的利益著想，對自己的行爲負責，就會有一種強大的推動力，真正成爲一個高素質的員工。

人一生的習慣無數，但是好的習慣能改變人生。我們每個人都是自己的主人，每個人都應該養成良好的工作和生活習慣。

如果每個員工都有節儉意識，以 10 個人爲例，如果每人每天平均節儉一張 A4 紙，一天就可以少用 10 張，那麼一年下來就節儉了 3650 張，這就爲企業節儉了一筆不小的辦公用品費用開支。如果每個人都能在工作中儘量做到節儉，那麼員工越多，節儉的數量也越多，公司運營的開支也就相應減少，大家的收益也會越來越多，也爲社會節儉了資源。

「習慣」是指在長時間裏逐漸養成的、一時不容易改變的行爲、傾向或社會風尙，也就是人們常說的習慣成自然。習慣一旦養成，就會成爲自覺行爲，不需要別人來提醒、暗示或要求。

人的行爲習慣都不是與生俱來的，而是後天受環境的潛移默化，受社會規範的約束慢慢養成的。

　　如果是一個愛企業如愛家的員工，會自覺養成節儉的習慣，處處做到不浪費，時時為企業的利益著想，就像維護自己的家一樣。

　　某大學的鄧老師非常有名氣，真正讓他出名的還是他的生活方式。你很難想像，鄧老師就是穿著一雙運動鞋去了無數個國家，平時也多是穿球鞋。鄧老師覺得很坦然：鞋子作為行走的工具，結實耐用就可以了。

　　每天鄧老師都是騎著自行車上下班。下課後，他總是最後一個離開教室，把所有的電器都關上。夏天的時候，一般都是手洗衣服，覺得那樣既省水又環保。

　　鄧老師衣著樸素、生活節儉。對於一度電、一張紙都要「斤斤計較」，但是面對窮困學生的時候卻異常大方，他資助過多名貧困學生，並且數額都不小。開始覺得鄧老師怪異，摳門的人在瞭解了鄧老師的生活後，不少人受他的影響改變了原有的生活方式，也過上了「節儉式的理性生活」。

心得欄

81

節儉是職場人不可或缺的素質

....

　　每個人都應該在工作和生活中養成節儉的好習慣，這是職業素質的要求，更是時代的要求，永不過時。

　　注重節儉、養成良好的節儉習慣更有利於員工自身良好習慣的培養，形成生活方式，也是企業現代員工基本素養的標誌所在。因此，樹立節儉意識對企業、對自己都十分有益。員工作為公司的一員，在一定程度上代表公司的形象，別人能從你的身上看到公司的「品格」和「素質」。

　　再來看下面的案例，可能會有所感悟。

　　有一個年輕人大學畢業後到一家大公司工作，不久因為平時工作努力，勤儉節儉，做出了非常突出的業績，深受公司老闆的賞識。公司老闆最欣賞這個年輕人的勤儉節儉，認為他是一個品德高尚、做事沉穩、值得信賴的人。公司老闆經過深思熟慮後便將一個小公司交給他管理。這個年輕人把這個小公司管理得井井有條，市場開發也做得很好，公司業績直線上升，不久後成為一家贏利很強的公司。有一個精明的外商聽說之後，便想投資 500 萬美元與他的公司合作開發一個更好的項目。

　　雙方見面後開始商談項目合作的事情，商務談判從早上談

到晚上，雙方對合作項目都非常看好，可以說談得很成功，當談判結束後，這位年輕的經理邀請外商共進晚餐，他們在公司附近的一家餐館用餐。

晚餐很簡單，幾個盤子都吃得乾乾淨淨，只剩下兩個小籠包。那位年輕經理對餐館服務員說:「請把這兩個包子打一下包，我要帶走。」那個外商看到這個情形當時很驚訝，眉頭皺了一下，就問他:「這兩個小包子你帶回去幹什麼？」

年輕經理不好意思地說:「晚上我回去還要研究一下我們合作項目的事，這兩個包子我準備當夜宵吃。」

一聽這話，外商更是驚得目瞪口呆，但他馬上就開心地笑了。外商站起來握住那個年輕經理的手說:「明天我們就簽合約吧。」

年輕經理不解地問外商:「簽合約是件大事，您不再考慮？」

外商笑著解釋說:「你這種潛意識的節儉行為是我看好你的原因，一個特別節儉的人肯定是一個特別節制的人，人一旦知道節制，就會知道什麼事情這樣做會做得更好，什麼事情那樣做會做得非常糟糕，一個節制的人絕對是一個特別會尊重別人的人，你連兩個包子都知道物盡其用，更不用說我投資的 500萬美金了。這還說明了另外一件事，看來你對經營公司、商業運作確實有你獨特的地方。」

同樣是與外商合作，具備節儉的素質與不具備節儉素質，就會出現不同的結果。

節儉是一種良好的職業素質，只要你有意識地培養這種意識，天長日久，你將在別人和老闆的心目中樹立自己良好的職業形象。

82

不拿公司一針一線

．．．．．．．．．．．．．．．．．．．．．．．．．．．．．．

　　貪佔公司便宜一般都表現在細微之處，所以許多人可能會覺得無所謂。但是工作中許多不良習慣，那怕它小如芥粒，所造成的危害，常比想像的要嚴重得多。一名員工品德的好壞，往往從細小的地方表現出來。所以你千萬不要任意地使用公司的信封、信紙、筆或其他文具用品在私人的用途上。這道理雖然每一個人都明白，但是只要稍微熟悉了公司之後，自然就會忘情地使用這些「免費」資源。

　　當然，這和公司的風氣有著很大的關係。如果公司內大部份的員工都很隨便，那麼大家就會無所顧忌地浪費公司物品。而身為公司的一分子，你必須堅持「不拿公家一針一線」的原則，即使大家都那樣做，你也不要效仿。因為理智的老闆會從細微之處觀察員工，有時候對於員工來講這些看似微不足道，不足以影響大家的小毛病，可能會決定一個人的前途命運。

　　蘇潔天生就喜歡佔小便宜，經常順手把公司裏的一些小東西拿回家，給她正在上學的兒子用。由於她是老員工了，並且她為公司的發展立下了不少功勞，所以老闆也不好意思當面批評她。同事們看到蘇潔如此這般，而老闆置之不理時，也紛紛

效仿。這下公司每月的內部辦公費用劇增,蘇潔和同事們卻從來都不為自家孩子上學的一些用具發愁。

最後蘇潔得到了一個慘痛的教訓,使她不得不放棄原來那份輕鬆而收入高的工作,去人才市場重新找工作。

那麼蘇潔佔小便宜的行為是怎樣使她丟掉工作的呢?事情是這樣的,蘇潔孩子的老師的丈夫是與蘇潔公司有業務往來的高級主管。該公司正在和蘇潔所在的公司洽談一個合作項目,這個項目最終的決定權,就掌握在老師丈夫的手裏。老師的丈夫經過考察,對蘇潔所在公司的情況基本滿意。簽合約前的一個晚上,他無意間看到了妻子所批改的作業本中,有一個是用專業的辦公用紙裝訂而成的。在好奇心的驅使下,他翻閱了那個本子,結果很驚訝地發現本子上赫然標著蘇潔公司的名字。這個發現令他很有感觸:這個企業的員工絲毫不注重自己公司的利益,和他們合作要浪費多少資源呀!思來想去他還是撥通了蘇潔老闆的電話,中止了與蘇潔所在公司的合作。

誰會想到計劃的中止,竟是由一些辦公用品造成的呢?因此,不要因為事小而忽視它。工作中許多不良習慣,那怕它非常之小,但其所造成的危害,卻常常比你想像的要嚴重得多。

因此,作為一個職場的工作員工,上班時,就要全身心地投入到工作中,不要佔用上班時間處理私事;下班後,不要「順手牽羊」拿走公司的物品。養成一個好的工作習慣,這對你的職業生涯,甚至整個人生都大有益處。

圖書出版目錄

下列圖書是由憲業企管顧問(集團)公司所出版,以專業立場,為企業界提供最專業的各種經營管理類圖書。

1. 傳播書香社會,凡向本出版社購買(或郵局劃撥購買),一律 9 折優惠。
   服務電話(02)27622241　(03)9310960　　傳真(02)27620377
2. 請將書款用 ATM 自動扣款轉帳到我公司下列的銀行帳戶。
   銀行名稱:合作金庫銀行　帳號:5034-717-347447
   公司名稱:憲業企管顧問有限公司
3. 郵局劃撥號碼:18410591　郵局劃撥戶名:憲業企管顧問公司
4. 圖書出版資料隨時更新,請見網站　www.bookstore99.com

　　　　――――― 經營顧問叢書 ―――――

85	生產管理制度化	360 元	145	主管的時間管理	360 元
86	企劃管理制度化	360 元	146	主管階層績效考核手冊	360 元
88	電話推銷培訓教材	360 元	147	六步打造績效考核體系	360 元
90	授權技巧	360 元	148	六步打造培訓體系	360 元
91	汽車販賣技巧大公開	360 元	149	展覽會行銷技巧	360 元
92	督促員工注重細節	360 元	150	企業流程管理技巧	360 元
94	人事經理操作手冊	360 元	152	向西點軍校學管理	360 元
97	企業收款管理	360 元	153	全面降低企業成本	360 元
100	幹部決定執行力	360 元	154	領導你的成功團隊	360 元
106	提升領導力培訓遊戲	360 元	155	頂尖傳銷術	360 元
112	員工招聘技巧	360 元	156	傳銷話術的奧妙	360 元
113	員工績效考核技巧	360 元	159	各部門年度計劃工作	360 元
114	職位分析與工作設計	360 元	160	各部門編制預算工作	360 元
116	新產品開發與銷售	400 元	163	只為成功找方法，不為失敗找藉口	360 元
122	熱愛工作	360 元	167	網路商店管理手冊	360 元
124	客戶無法拒絕的成交技巧	360 元	168	生氣不如爭氣	360 元
125	部門經營計劃工作	360 元	170	模仿就能成功	350 元
127	如何建立企業識別系統	360 元	171	行銷部流程規範化管理	360 元
129	邁克爾·波特的戰略智慧	360 元	172	生產部流程規範化管理	360 元
130	如何制定企業經營戰略	360 元	173	財務部流程規範化管理	360 元
131	會員制行銷技巧	360 元	174	行政部流程規範化管理	360 元
132	有效解決問題的溝通技巧	360 元	176	每天進步一點點	350 元
135	成敗關鍵的談判技巧	360 元	177	易經如何運用在經營管理	350 元
137	生產部門、行銷部門績效考核手冊	360 元	178	如何提高市場佔有率	360 元
138	管理部門績效考核手冊	360 元	180	業務員疑難雜症與對策	360 元
139	行銷機能診斷	360 元	181	速度是贏利關鍵	360 元
140	企業如何節流	360 元	182	如何改善企業組織績效	360 元
141	責任	360 元	183	如何識別人才	360 元
142	企業接棒人	360 元	184	找方法解決問題	360 元
144	企業的外包操作管理	360 元	185	不景氣時期，如何降低成本	360 元

186	營業管理疑難雜症與對策	360元	227	人力資源部流程規範化管理（增訂二版）	360元
187	廠商掌握零售賣場的竅門	360元	228	經營分析	360元
188	推銷之神傳世技巧	360元	229	產品經理手冊	360元
189	企業經營案例解析	360元	230	診斷改善你的企業	360元
191	豐田汽車管理模式	360元	231	經銷商管理手冊（增訂三版）	360元
192	企業執行力（技巧篇）	360元	232	電子郵件成功技巧	360元
193	領導魅力	360元	233	喬·吉拉德銷售成功術	360元
197	部門主管手冊(增訂四版)	360元	234	銷售通路管理實務〈增訂二版〉	360元
198	銷售說服技巧	360元	235	求職面試一定成功	360元
199	促銷工具疑難雜症與對策	360元	236	客戶管理操作實務〈增訂二版〉	360元
200	如何推動目標管理(第三版)	390元	237	總經理如何領導成功團隊	360元
201	網路行銷技巧	360元	238	總經理如何熟悉財務控制	360元
202	企業併購案例精華	360元	239	總經理如何靈活調動資金	360元
204	客戶服務部工作流程	360元	240	有趣的生活經濟學	360元
205	總經理如何經營公司(增訂二版)	360元	241	業務員經營轄區市場（增訂二版）	360元
206	如何鞏固客戶（增訂二版）	360元	242	搜索引擎行銷	360元
207	確保新產品開發成功(增訂三版)	360元	243	如何推動利潤中心制度（增訂二版）	360元
208	經濟大崩潰	360元	244	經營智慧	360元
209	鋪貨管理技巧	360元	245	企業危機應對實戰技巧	360元
210	商業計劃書撰寫實務	360元	246	行銷總監工作指引	360元
212	客戶抱怨處理手冊(增訂二版)	360元	247	行銷總監實戰案例	360元
214	售後服務處理手冊（增訂三版）	360元	248	企業戰略執行手冊	360元
215	行銷計劃書的撰寫與執行	360元	249	大客戶搖錢樹	360元
216	內部控制實務與案例	360元	250	企業經營計畫〈增訂二版〉	360元
217	透視財務分析內幕	360元	251	績效考核手冊	360元
219	總經理如何管理公司	360元	252	營業管理實務（增訂二版）	360元
222	確保新產品銷售成功	360元			
223	品牌成功關鍵步驟	360元			
224	客戶服務部門績效量化指標	360元			
226	商業網站成功密碼	360元			

| 37 | 為長壽做準備 | 360 元 |
| 38 | 生男生女有技巧〈增訂二版〉 | 360 元 |

《培訓叢書》

4	領導人才培訓遊戲	360 元
8	提升領導力培訓遊戲	360 元
11	培訓師的現場培訓技巧	360 元
12	培訓師的演講技巧	360 元
14	解決問題能力的培訓技巧	360 元
15	戶外培訓活動實施技巧	360 元
16	提升團隊精神的培訓遊戲	360 元
17	針對部門主管的培訓遊戲	360 元
18	培訓師手冊	360 元
19	企業培訓遊戲大全（增訂二版）	360 元
20	銷售部門培訓遊戲	360 元
21	培訓部門經理操作手冊（增訂三版）	360 元
22	企業培訓活動的破冰遊戲	360 元

《傳銷叢書》

4	傳銷致富	360 元
5	傳銷培訓課程	360 元
7	快速建立傳銷團隊	360 元
9	如何運作傳銷分享會	360 元
10	頂尖傳銷術	360 元
11	傳銷話術的奧妙	360 元
12	現在輪到你成功	350 元
13	鑽石傳銷商培訓手冊	350 元
14	傳銷皇帝的激勵技巧	360 元
15	傳銷皇帝的溝通技巧	360 元
16	傳銷成功技巧（增訂三版）	360 元
17	傳銷領袖	360 元

《幼兒培育叢書》

1	如何培育傑出子女	360 元
2	培育財富子女	360 元
3	如何激發孩子的學習潛能	360 元
4	鼓勵孩子	360 元
5	別溺愛孩子	360 元
6	孩子考第一名	360 元
7	父母要如何與孩子溝通	360 元
8	父母要如何培養孩子的好習慣	360 元
9	父母要如何激發孩子學習潛能	360 元
10	如何讓孩子變得堅強自信	360 元

《成功叢書》

1	猶太富翁經商智慧	360 元
2	致富鑽石法則	360 元
3	發現財富密碼	360 元

《企業傳記叢書》

1	零售巨人沃爾瑪	360 元
2	大型企業失敗啟示錄	360 元
3	企業併購始祖洛克菲勒	360 元
4	透視戴爾經營技巧	360 元
5	亞馬遜網路書店傳奇	360 元
6	動物智慧的企業競爭啟示	320 元
7	CEO 拯救企業	360 元
8	世界首富 宜家王國	360 元
9	航空巨人波音傳奇	360 元
10	傳媒併購大亨	360 元

《智慧叢書》

| 1 | 禪的智慧 | 360 元 |
| 2 | 生活禪 | 360 元 |

3	易經的智慧	360 元
4	禪的管理大智慧	360 元
5	改變命運的人生智慧	360 元
6	如何吸取中庸智慧	360 元
7	如何吸取老子智慧	360 元
8	如何吸取易經智慧	360 元
9	經濟大崩潰	360 元
10	有趣的生活經濟學	360 元

《DIY 叢書》

1	居家節約竅門 DIY	360 元
2	愛護汽車 DIY	360 元
3	現代居家風水 DIY	360 元
4	居家收納整理 DIY	360 元
5	廚房竅門 DIY	360 元
6	家庭裝修 DIY	360 元
7	省油大作戰	360 元

《財務管理叢書》

1	如何編制部門年度預算	360 元
2	財務查帳技巧	360 元
3	財務經理手冊	360 元
4	財務診斷技巧	360 元
5	內部控制實務	360 元
6	財務管理制度化	360 元
8	財務部流程規範化管理	360 元
9	如何推動利潤中心制度	360 元

為方便讀者選購，本公司將一部分上述圖書又加以專門分類如下：

《企業制度叢書》

1	行銷管理制度化	360 元
2	財務管理制度化	360 元
3	人事管理制度化	360 元
4	總務管理制度化	360 元
5	生產管理制度化	360 元
6	企劃管理制度化	360 元

《主管叢書》

1	部門主管手冊	360 元
2	總經理行動手冊	360 元
4	生產主管操作手冊	380 元
5	店長操作手冊（增訂版）	360 元
6	財務經理手冊	360 元
7	人事經理操作手冊	360 元
8	行銷總監工作指引	360 元
9	行銷總監實戰案例	360 元

《總經理叢書》

1	總經理如何經營公司(增訂二版)	360 元
2	總經理如何管理公司	360 元
3	總經理如何領導成功團隊	360 元
4	總經理如何熟悉財務控制	360 元
5	總經理如何靈活調動資金	360 元

《人事管理叢書》

1	人事管理制度化	360 元
2	人事經理操作手冊	360 元
3	員工招聘技巧	360 元
4	員工績效考核技巧	360 元
5	職位分析與工作設計	360 元
7	總務部門重點工作	360 元
8	如何識別人才	360 元
9	人力資源部流程規範化管理（增訂二版）	360 元
10	員工招聘操作手冊	360 元
11	如何處理員工離職問題	360 元

《理財叢書》

1	巴菲特股票投資忠告	360 元
2	受益一生的投資理財	360 元
3	終身理財計劃	360 元
4	如何投資黃金	360 元
5	巴菲特投資必贏技巧	360 元
6	投資基金賺錢方法	360 元
7	索羅斯的基金投資必贏忠告	360 元
8	巴菲特爲何投資比亞迪	360 元

《網路行銷叢書》

1	網路商店創業手冊〈增訂二版〉	360 元
2	網路商店管理手冊	360 元
3	網路行銷技巧	360 元
4	商業網站成功密碼	360 元
5	電子郵件成功技巧	360 元
6	搜索引擎行銷	360 元

《企業計畫叢書》

1	企業經營計劃	360 元
2	各部門年度計劃工作	360 元
3	各部門編制預算工作	360 元
4	經營分析	360 元
5	企業戰略執行手冊	360 元

《經濟叢書》

1	經濟大崩潰	360 元
2	石油戰爭揭秘（即將出版）	

建立企業圖書館

當市場競爭激烈時：

培訓員工，強化員工競爭力
是企業最佳對策

　　「人才」是企業最大的財富。如何提升人才，是企業永續經營、戰勝對手的核心競爭力。積極培訓公司內部員工，是經濟不景氣時期的最佳戰略，而最快速的具體作法，就是**「建立企業內部圖書館，鼓勵員工多閱讀、多進修專業書籍」**

　　建議您：請一次購足本公司所出版各種經營管理類圖書，作為貴公司內部員工培訓圖書。 使用率高的（例如「贏在細節管理」），準備 3 本；使用率低的（例如「工廠設備維護手冊」），只買 1 本。

最暢銷的企業培訓叢書

	名稱	說明	特價
1	培訓遊戲手冊	書	360 元
2	業務部門培訓遊戲	書	360 元
3	企業培訓技巧	書	360 元
4	企業培訓講師手冊	書	360 元
5	部門主管培訓遊戲	書	360 元
6	團隊合作培訓遊戲	書	360 元
7	領導人才培訓遊戲	書	360 元
8	部門主管手冊	書	360 元
9	總經理工作重點	書	360 元
10	企業培訓遊戲大全	書	360 元
11	提升領導力培訓遊戲	書	360 元
12	培訓部門經理操作手冊	書	360 元
13	專業培訓師操作手冊	書	360 元
14	培訓師的現場培訓技巧	書	360 元
15	培訓師的演講技巧	書	360 元

　　上述各書均有在書店陳列販賣，若書店賣完，而來不及由庫存書補充上架，請讀者直接向店員詢問、購買，最快速、方便！

請透過郵局劃撥購買：

　　戶名：憲業企管顧問公司

　　帳號：18410591

經營顧問叢書 ㉖㉓　　　　　　　售價：360 元

微利時代制勝法寶

西元二〇一一年五月　　　　　　　　　　初版一刷

編著：林佑誠

策劃：麥可國際出版有限公司（新加坡）

編輯：蕭玲

校對：洪飛娟

發行人：黃憲仁

發行所：憲業企管顧問有限公司

電話：（02）2762-2241　　（03）9310960　　0930872873

臺北聯絡處：臺北郵政信箱第 36 之 1100 號

銀行 ATM 轉帳：合作金庫銀行　　帳號：5034-717-347447

郵政劃撥：18410591　　憲業企管顧問有限公司

江祖平律師顧問：紙品書、數位書著作權與版權均歸本公司所有

登記證：行政業新聞局版台業字第 6380 號

本公司徵求海外版權出版代理商（0930872873）

本圖書是由憲業企管顧問（集團）公司所出版，以專業立場，為企業界提供最專業的各種經營管理類圖書。

圖書編號 ISBN：978-986-6084-03-4